2017—2019年
中国农业用水报告

全国农业技术推广服务中心
中国农业大学土地科学与技术学院　编著
农业农村部耕地保育（华北）重点实验室

中国农业出版社
北　京

编　委　会

主　　编：吴　勇　黄　峰

副 主 编：张　赓　陈广锋　沈　欣

编写人员：吴　勇　黄　峰　张　赓　陈广锋
　　　　　沈　欣　刘少君　李保国　高祥照

前　　言

　　水是生命之源、生产之要、生态之基，是农业生产必不可少的基本要素。我国水资源严重紧缺，总量仅占世界6%，人均不足世界平均水平的四分之一，降水时空分布不均，水土资源匹配程度偏低。随着气候变化加剧，干旱发生频率越来越高、范围越来越广、程度越来越重，干旱缺水已成为制约农业生产的瓶颈因素。大力发展节水农业，转变水资源利用方式，提高水分生产效率，已成为保障国家粮食安全、发展现代农业、促进农业可持续发展和建设生态文明的重大课题。为做好节水农业相关工作，我们在收集整理全国水资源和农业用水相关资料的基础上，编写了《2017—2019年中国农业用水报告》。

　　农业用水包括种植业、养殖业、水产业等，其中种植业是最重要的用水大户。本报告所称农业用水主要指种植业用水，涵盖粮食作物（水稻、玉米、小麦、其他谷物、大豆、其他豆类、薯类）、蔬菜、棉花和麻类、油料作物、糖料作物。报告中的"农田"专指播种上述作物的耕地。报告按照全国和五大区域进行分析。华北区包括北京市、天津市、河北省、内蒙古自治区、山西省、山东省、河南省；东北区包括黑龙江省、吉林省、辽宁省；东南区包括上海市、江苏省、浙江省、安徽省、江西省、湖北省、湖南省、福建省、广东省、海南省；西南区包括重庆市、四川省、云南省、贵州省、广西壮族自治区和西藏自治区；西北区包括陕西省、甘肃省、宁夏回族自治区、青海省、新疆维吾尔自治区。受资料限制，报告未包括香港、澳门特别行政区和台湾省数据。报告所用数据时间跨度是2017—2019 年。

为保持统计口径的一致，本报告中的农作物播种面积和产量数据均来源于中国国家统计局网站。这一点与之前的报告有所不同，之前报告中的农作物播种面积和产量数据均来源于《中国农业统计资料》。水资源和水利相关数据来源于《中国水资源公报》和《中国水利统计年鉴》。降水量和相关气象参数来源于中国国家气象局全国站点多年气象数据。农作物耗水量根据分布式水文模型 SWAT 模拟参数进行区域化赋值后计算得到。

本报告由全国农业技术推广服务中心、中国农业大学土地科学与技术学院和农业农村部耕地保育（华北）重点实验室共同完成。受数据资料和计算方法限制，本报告分析结论仅供参考。

编　者

2022 年 5 月

目　　录

第二部分　2018 年中国农业用水报告

第三部分　2019 年中国农业用水报告

第一部分

2017年中国农业用水报告

一、广义农业可用水资源

（一）降水量和水资源量

1. 降水量

2017 年，全国平均年降水量 664.8 毫米，比多年平均值偏多 3.5%，比 2016 年减少 8.3%。全国水资源总量 28 761.2 亿米³，比多年平均值偏多 3.8%。其中，地表水资源量 27 746.3 亿米³，地下水资源量 8 309.6 亿米³，地下水与地表水资源不重复量 1 014.9 亿米³。

全国各地区降水量和水资源量具有明显差异。从水资源分区看，西北诸河区、黄河区、珠江区等 6 个水资源一级区降水量比多年平均值偏多，其中西北诸河区偏多 13.7%；其他 4 个水资源一级区均比多年平均值偏少，其中辽河区和松花江区分别偏少 15.6% 和 10.6%。与 2016 年比较，除西南诸河区和黄河区降水量分别增加 3.5% 和 1.3% 外，其他水资源一级区均有不同程度的减少，其中东南诸河区和辽河区分别减少 31.2% 和 23.7%。

降水量不仅是"蓝水"和"绿水"的来源，也是评价广义农业可用水量的最根本水源。值得注意的是，担负我国粮食安全重任的辽河与松花江流域的降水均有所减少，这对主要依靠降水的东北粮食生产产生一定的负面影响。长期缺水的黄河流域降水量略有增长，属正常的年际变异，对流域内农业用水影响不大。

从行政分区看，18 个省（自治区、直辖市）降水量比多年平均值偏多，其中新疆、陕西偏多 20% 以上；贵州接近多年平均值；12 个省（自治区、直辖市）比多年平均值偏少，其中内蒙古、辽宁分别偏少 26.2％和 19.8％。

除了内蒙古和辽宁以外，4 个主产省无论与 2016 年相比（同比），还是与常年相比，降水量都呈"双下降"特点。其中，吉林省降水量同比减少 18.5％，比常年减少 2.2％；黑龙江省同比减少 6.6％，比常年减少 1.2％；河北省同比减少 19.6％，比常年减少 9.9％；山东省同比减少 3.4％，比常年减少 6.4％。有 5 个主产省降水量同比下降，但比常年略有增加，分别是：江苏同比下降 28.6％，比常年增加 1.2％；安徽同比下降 22.2％，比常年增加 7.0％；江西同比下降 16.9％，比常年增加 1.3％；湖北同比下降 8.0％，比常年增加 11.0％；湖南同比下降 10.2％，比常年增加 3.4％。总体上，南方粮食主产省份的降水量虽然同比下降，但与常年相比还是增加的。值得注意的是，北方主产省份（辽宁、吉林、黑龙江、内蒙古、河北、山东）都出现了同比和与常年比"双下降"，这会对本来就缺水的北方农业生产造成较大影响。

2. 地表和地下水资源量

天然降水降落到陆地生态系统，在不同下垫面（地形、土壤、地表覆被、土地利用等）影响下，分割成为"蓝水"资源（可再生地表水和地下水）和"绿水"资源（土壤有效储水量）。由于下垫面不同，相同或类似降水形成的水资源量在不同地区会存在差异，换言之，降水量增加并不意味着水资源量按比例地增加；反之，降水量的减少也不意味着水资源量按比例地减少。

2017 年，全国地表水资源量27 746.3亿米³，折合年径流深 293.1 毫米，比多年平均值偏多 3.9％，比 2016 年减少 11.3％。从水资源分区看，西北诸河区、珠江区、长江区、西南诸河区和淮河区地表水资源量比多年平均值偏多，其中西北诸河区偏多 27.5%；辽河区、海河区、松花江区、黄河区和东南诸河区地表水资源量比多年平均值偏少，其中辽河区和海河区分别偏少 46.0% 和 40.6%。与 2016 年比较，除黄河区和西南诸河区地表水资源量分别增加 15.0% 和 2.4% 外，其他水资源一级区均有不同程度的减少，其中辽河区和东南诸河区分别减少 42.8% 和 42.0%。

值得注意的是，作为粮食主产区的辽河流域和海河流域，地表水资源量与常年相比减少幅度均超过 40%。重要粮食主产区松花江流域的地表水资源量也比多年平均值偏少。

从行政分区看，全国有 15 个省份地表水资源量比多年平均值偏多，其中广西、海南和青海 3 个省份偏多 25.0% 以上；云南接近多年平均值；有 15 个省份地表水资源量比多年平均值偏少，其中作为重要粮食主产省份的内蒙古、河北和辽宁均偏少 40% 以上。在其余的 10 个粮食主产省份中，4 个省的地表水资源量与常年相比下降，下降幅度从高到低依次为：山东、黑龙江、四川、吉林。6 个省与常年相比增加，增加幅度由低到高依次为：河南、江西、安徽、江苏、湖南、湖北。值得注意的是，在高度依赖地下水且目前正在实施地下水超采综合治理的河北省，地表水资源量比常年下降了 40% 以上，这势必会对农业用水造成影响。

3. 水资源总量

2017 年，全国水资源总量 28 761.2 亿米^3，比多年平均值偏多 3.8%，比 2016 年减少 11.4%。其中，地表水资源量 27 746.3 亿米^3，地下水资源量 8 309.6 亿米^3，地下水与地表水资源不重复量 1 014.9 亿米^3。全国水资源总量占降水总量的 45.7%，平均单位面积产水量为 30.4 万米^3/千米^2。

13 个粮食主产省份中，辽宁、内蒙古、河北、山东、黑龙江、四川、吉林 7 个省份的水资源总量比常年减少，其中辽宁和内蒙古降幅超过 40%，河北降幅 30% 左右，山东降幅

25％左右。其余 6 个省的水资源量均比常年增加。2017 年，从"蓝水"总的来源看，13 个粮食主产省份喜忧参半。

（二）部门用水分配

1. 各部门用水量和用水占比

2017 年，全国用水总量 6 043.4 亿米³。其中，生活用水 838.1 亿米³，占用水总量的 13.9％；工业用水 1 277.0 亿米³，占用水总量的 21.1％；农业用水 3 766.4 亿米³，占用水总量的 62.3％；人工生态环境补水 161.9 亿米³，占用水总量的 2.7％。与 2016 年相比，用水总量增加 3.2 亿米³，其中，农业用水量减少 1.6 亿米³，工业用水量减少 31.0 亿米³，生活用水量及人工生态环境补水量分别增加 16.5 亿米³ 和 19.3 亿米³。

13 个粮食主产省份中，山东（－5.30％）、辽宁（－3.89％）、河南（－2.23％）、河北（－1.48％）、吉林（－1.43％）、内蒙古（－0.79％）、湖南（－0.72％）、安徽（－0.25％）8 省份的农业用水量比 2016 年下降；黑龙江（0.83％）、江西（1.36％）、四川（2.95％）、江苏（3.62％）、湖北（8.1％）5 省份的农业用水量增加。值得注意的是：在水资源量减少幅度较大的省份，如内蒙古、河北、辽宁、山东，以及水资源量增加的省份，如河南、江苏、湖北，农业用水量都出现了减少。可能的原因是：水资源减少幅度较大的省份，影响到了农业用水量。水资源量增加的省份，由于降水量的增加，农田"绿水"量增加，也会减少农业的"蓝水"用量。

2. 农业用水量和农业用水占比

2017 年，农业用水占总用水量 75％ 以上的有新疆（93.1％）、黑龙江（89.6％）、宁夏（85.8％）、西藏（85.2％）、甘肃（79.4％）5 个省份，工业用水占总用水量

35％以上的有上海（59.8％）、江苏（42.3％）、重庆（37.7％）3个省份，生活用水占总用水量20％以上的有北京（46.3％）、重庆（27.8％）、浙江（26.2％）、上海（23.5％）、广东（23.3％）、天津（22.2％）6个省份。

全国农业用水占总用水量的62.3％，仍然是最大的用水部门。其中，上海（15.9％）和北京（12.9％）都低于25％；重庆（32.8％）、天津（38.9％）、福建（47.5％）、浙江（45.1％）、江苏（47.5％）在25％～50％之间。

全国分省农业用水占总用水量的百分比呈现从东南到西北逐渐增加的空间分布模式。东南沿海经济最发达地区的农业用水占比最低，西北内陆地区缺水省份的占比最高，其他省份则处于中段位置。这种用水格局的空间分布从一个角度表明了各省经济结构和经济发达程度。越是经济发达、工业化、城镇化程度较高的地区，不同部门间用水竞争越激烈，对农业用水的挤占效应越明显。

3. 灌溉面积和节水灌溉面积

2017年，全国农田有效灌溉面积67 815.5千公顷，占耕地总面积的50.28％，比2016年同比增加674.9千公顷，增长1.01％。全国林地灌溉面积2 402.7千公顷，占灌溉总面积的3.25％，同比增加14.3千公顷，增幅0.60％；果园灌溉面积2 623.6千公顷，占灌溉总面积3.54％，同比增加51.8千公顷，增幅2.03％；牧草灌溉面积1 104.2千公顷，占灌溉总面积的1.49％，同比增加28.2千公顷，增幅2.62％。2017年耕地实际灌溉面积58 544.25千公顷，占耕地有效灌溉面积的86.3％。2017年，农田灌溉占灌溉面积的绝对多数，仍旧大于90％，紧随其后的是果园、林地和牧草灌溉。其中果园灌溉仍保持在第二位。牧草灌溉在经历上年的下滑后，有恢复性增长。

13个粮食主产省份中，河北（92.78％）、黑龙江

（99.65％）、吉林（98.42％）、辽宁（91.88％）、河南（97.7％）、江苏（93.78％）、安徽（98.10％）、江西（96.17％）、湖北（93.87％）、湖南（97.01％）、四川（92.18％）的农田灌溉面积占总灌溉面积的比例都在90％以上；山东（89.91％）、内蒙古（83.8％）都低于90％。其中内蒙古主要是因为牧草灌溉比例较大，山东主要是果园灌溉比例较高。上述比例与2016年相比变化不大。为保证粮食生产，13个省份的灌溉主要用在了农田灌溉上。

2017年，采用节水灌溉的面积继续增长。全国节水灌溉面积达到34 318.97千公顷，比2016年同比增加1 471.98千公顷，增幅4.48％。其中，喷滴灌面积4 277.5千公顷，占比12.46％；微灌面积6 283.47千公顷，占比18.31％；低压管灌面积9 990.14千公顷，占比29.11％。2017年，全国节水灌溉占总灌溉面积的百分比达到了46.41％，比2016年提高了1.52个百分点，节水灌溉比例进一步提高。

13个粮食主产省份中，内蒙古（70.7％）、河北（73.84％）、江苏（60.19％）、四川（54.68％）、山东（55.69％）、辽宁（53.08％）的节水灌溉占比都超过50％，与2016年相比，节水灌溉比例都继续增加。吉林（39.47％）、河南（35.13％）、黑龙江（34.45％）都高于30％；安徽（21.25％）、江西（25.63％）高于20％；湖北（14.27％）、湖南（12.2％）只略高于10％。

2017年，在全国节水灌溉面积中，喷灌占比12.46％，微灌占比18.31％，低压管灌占比29.11％。6个节水灌溉面积占比超过50％的粮食主产省份中，内蒙古3种节水灌溉方式平分秋色，河北的低压管灌占绝对优势，江苏、四川和山东采用的主要是低压管灌技术。其他主产省份中，辽宁是微灌与低压管灌占优，吉林喷滴灌占优，河南低压管灌占优，黑龙江喷滴灌占优。而淮河长江流域的安徽、江西、湖南主要是渠道衬砌。湖北则主要采用低压管灌和喷滴灌方式。

上述情况表明：节水灌溉比例较高的省份主要是缺水的北方粮食生产省份，如内蒙古、河北，还有经济发达但不缺水的省份，如江苏。在节水灌溉比例较高的省份，低压管灌、喷滴灌和微灌都是主导的节水灌溉模式。2017 年节水灌溉技术的分布与 2016 年相比没有明显变化。

4. 农田灌溉量及其农业用水占比

农田亩①均实际灌溉量乘以农田实际灌溉面积就得到农田的实际灌溉量。2017 年，全国农田灌溉量为 3 314.3 亿米³，占本年度农业用水量的 88.06%。无论灌溉水量还是占农业用水量的百分比都略有上升。这与本年度的降水量和水资源量相对下降有关。13 个粮食主产省份中，湖南（96.2%）、黑龙江（98.2%）、安徽（97.7%）、江西（94.4%）、河北（90.9%）、内蒙古（87.4%）、湖北（87.4%）、辽宁（88.3%）、河南（88.1%）、江苏（88.1%）、山东（86.8%）、四川（87.8%）、吉林（74.2%）的农田灌溉量占农业用水的百分比都较高。13 个粮食主产省份中，除吉林省外，都达到了 85% 以上。这说明在 13 个粮食主产省份中，农业用水量的绝大部分都用于支持粮食生产。

2017 年，农业仍然是最大的用水部门，总用水量 3 766.4 亿米³，占总用水量的 62.3%，同比下降了 0.1 个百分点。在本年度降水和水资源总量同比和比常年减少的情况下，农业用水未见明显增加，说明农业用水效率的进一步提高。农田灌溉量占农业用水总量 86.0%，仍然是农业用水中最大的部分。在总灌溉面积中，节水灌溉面积的比例继续提高，除了最基本的渠道衬砌外，低压管灌、喷滴灌和微灌都是主要的节水灌溉模式。

---

① 亩为非法定计量单位，1 亩＝1/15 公顷≈667 米²。——编者注

（三）广义农业水资源

根据"蓝水"和"绿水"的概念，广义农业水资源包括耕地灌溉水量（"蓝水"）和耕地接受的天然降水量（"绿水"）两个分量。耕地有效降水量受耕地面积、降水量、径流量和渗漏量年际变化的影响。耕地灌溉水量受每年有效实际灌溉面积和亩均实际灌溉量年际变化的影响。因此，为了剔除上述影响因素，需要对广义农业水资源量进行归一化处理，不仅要计算广义水资源量的绝对数，还要计算广义农业水资源量在耕地上所折合的水深。

1. 广义农业水资源总量

2017 年，全国广义农业水资源量 10 155.8 亿米^3，同比减少 434.3 亿米^3，减幅 4.1%，比常年偏多 220.9 亿米^3，偏多 2.18%。从水深衡量的广义农业水资源量为 1 230 毫米，同比减少 70 毫米，减幅 5.36%，比常年偏少 59 毫米，偏少 4.79%。

广义农业水资源中，耕地降水量 6 841.5 亿米^3，同比减少 419.8 亿米^3，减幅 5.78%。与常年比，广义农业水资源量偏多 258.1 亿米^3，偏多 3.77%。2017 年耕地灌溉水量 3 314.3 亿米^3，同比减少 14.49 亿米^3，减幅 0.44%，比常年减少 37.11 亿米^3，减幅 1.12%。

2017 年广义农业水资源量的组成中，耕地降水占 67.4%，耕地灌溉占 32.6%，耕地降水量与耕地灌溉量大约为 2∶1 的比例，基本与多年平均比例（66.3%∶33.7%）持平。

需要说明的是：广义农业水资源量是一个集总式的概念，包括了旱作雨养耕地和灌溉耕地所接收的所有水量。由于每年耕地数量以及灌溉耕地数量的变动，加上降水量和灌溉量变化，需要对其分量进行细化，才能更真实地反映并比较旱作雨养耕地和灌溉耕地所接受水量的年际变化。因此，本报告进一步区分雨养旱作耕地所接受的降水量，与灌溉耕地所接受的降水和灌溉总量。

2017 年，全国雨养旱作耕地上接受的降水总量为 3 708.8 亿米³，同比减少 215.83 亿米³，减幅 5.50%，比常年偏少 147.87 亿米³，偏少 3.83%。全国灌溉耕地所接受的降水量和灌溉水量之和为 6 030.05 亿米³，同比减少 145.07 亿米³，减幅 2.35%，比常年偏多 482.69 亿米³，偏多 8.70%。从水深衡量，2017 年全国雨养旱作耕地接受了 507 毫米天然降水，同比减少 31 毫米，减幅 5.75%，比常年偏多 1 毫米，偏多 0.29%。全国灌溉耕地上接受的天然降水和灌溉水的水深 996 毫米，同比减少 40 毫米，减幅 3.82%，比常年偏少 82 毫米，偏少 7.61%。

2. 耕地上广义农业水资源中"绿水"和"蓝水"比例

耕地有效降水和耕地灌溉水占广义农业水资源的百分比可以反映全国耕地上"绿水"和"蓝水"的相对比例，是衡量一个地区对"绿水"和"蓝水"相对依赖程度的指标。2017 年，全国耕地降水占广义农业水资源量的 67.4%，同比下降 1.2 个百分点；耕地灌溉占广义农业水资源的 32.6%，同比提高 1.2 个百分点。

2017 年，13 个粮食主产省份的耕地"绿水"比例均超过耕地"蓝水"比例。如果按照"绿水"占比降序排序，河南（"绿水"82.7%/"蓝水"17.3%）、吉林（81.3%/18.7%）都超过了 80%；山东（78.1%/21.9%）、辽宁（74.9%/25.1%）、安徽（73.8%/26.2%）、湖北（72.6%/27.4%）、河北（71.2%/28.8%）都超过了 70%；其余的主产省份，四川（67.4%/33.6%）、黑龙江（66.5%/33.5%）、内蒙古（59.5%/40.5%）、江西（58.7%/41.3%）、湖南（57.2%/42.8%）、江苏（57.0%/43.0%）也都超过了 50%。

3. 灌溉耕地广义农业水资源中"绿水"和"蓝水"比例

灌溉耕地对我国粮食生产起到重要的基础作用，因此有必要考察灌溉耕地上广义农业水资源中"绿水"和"蓝水"的相对比例。

2017 年，全国灌溉耕地上的广义农业水资源中，耕地降水占 33.5%，同比下降了 1 个百分点，耕地灌溉占 66.5%，同比提高了 1 个百分点。13 个粮食主产省份中，内蒙古（"蓝水"73.0%/"绿水"27.0%）、黑龙江（64.2%/35.8%）、四川（60.7%/39.3%）、江西（59.2%/40.8%）、辽宁（58.4%/41.6%）、湖南（57.2%/42.8%）、吉林（53.6%/46.4%）、江苏（53.2%/46.8%）灌溉耕地上的灌溉水量都超过了所接受的降水量。而河南（"绿水"69.6%/"蓝水"30.4%）、山东（64.2%/35.8%）、安徽（61.3%/38.7%）、河北（56.2%/43.8%）灌溉耕地上接受的降水量都超过了灌溉水量。

耕地上所接受的"蓝水"和"绿水"相对占比反映了一个区域的气候类型、灌溉耕地占比、灌溉作物种植结构，以及灌溉节水措施效果。值得注意的是：在一直以来被认为是灌溉广度和强度都很大的河北省，灌溉耕地上的耕地灌溉水量占比却低于其他主产省份，这主要是河北省的冬小麦—夏玉米轮作制度中，全年 70% 以上的降水都发生在夏玉米生长季。处于类似气候区和相同农作制的河南、山东两省也有类似的情况。而黑龙江和辽宁的灌溉主要集中在水稻上，吉林由于灌溉集中于极为干旱的耕地或抗旱保产的耕地上，所以灌溉占比较高。南方各主产省由于水稻的灌溉量大，造成灌溉比例较高。但是位于南北交界处的安徽，由于作物中小麦和玉米还占有一定比例，所以，灌溉耕地接受的"蓝水"量少于"绿水"量。

综上，全国耕地上总的"蓝水"和"绿水"比例与灌溉耕地上的该比例差别很大，其大致比例刚好相反。2017 年全国耕地降水量（"绿水"）占广义农业水资源量的 67.4%，耕地灌溉量（"蓝水"）占比 32.6％；在灌溉耕地上，耕地降水量占广义农业水资源量的 33.5％，耕地灌溉水量占比 66.5％。具体到各省，则取决于当地的灌溉耕地占总耕地面积的比例。灌溉比例越是高的省份，两个比例越相似。如新疆耕地上"绿水"："蓝水"为 9.6∶90.4，而其灌溉耕地两者比例为 10.6∶89.4。

4. 灌溉和旱作雨养耕地上接受的广义农业可用水

2017 年，灌溉耕地上接受的降水和灌溉水总量 5 829.64 亿米³，同比减少 186.37 亿米³，降幅 3.10％，比常年增加 328.38 亿米³，增幅 5.97％。旱作雨养耕地上接受的降水量 3 872.0 亿米³，同比减少 262.07 亿米³，减幅 6.34％，比常年减少 71.99 亿米³，减幅 1.83％。

（四）广义农业水土资源匹配

水土资源的匹配程度是衡量一个区域耕地面积及其可用的水资源之间的关系，也是这个地区可承载耕地数量的指标。传统上用该地区的水资源量（"蓝水"）除以该区耕地面积得到"水土资源匹配程度"。但从"蓝水"和"绿水"的角度衡量，该区耕地的广义水土资源匹配才是这个地区"绿水"和"蓝水"总量所能承载耕地数量的指标，所以本报告除了计算传统"蓝水"观点的"水土资源匹配程度"外，还计算了"广义农业水土资源匹配"。

1. 传统水土资源匹配

如果用传统的水土资源匹配方法，即耕地面积和水资源量的水土资源匹配衡量，位于北方缺水流域的粮食主产省份均严重失衡，而位于南方丰水流域的主产省份水土资源匹配程度较高（图1-1）。2017 年河北用占全国 0.48％的水资源支撑了占全国 4.83％的耕地（表1-1），水土比只有 0.10（水土比＝水资源占比/耕地占比）。类似地，山东用占全国 0.78％的水资源支撑了占全国 5.63％ 的耕地，水土比仅有 0.14；江苏（0.40）、吉林（0.26）、河南（0.24）、黑龙江（0.22）、辽宁（0.18）、内蒙古（0.16）都低于 0.5；安徽（0.63）低于 1.0 但大于 0.5；湖北（1.12）、四川（1.72）、湖南（2.16）、江西（2.52）都大于 1.0。从传统水资源匹配程度看，13 个主产省份中只有四川、湖北、湖南、江西的水资源是大于土地资源的，安徽水土比虽然小于 1.0，但是大于 0.5，东北和华北的主产省份都小于 0.5，在 0.1～0.3 之间。特别提起注意的是江苏，本年度的水土比只有 0.40。

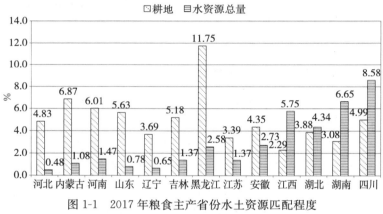

图 1-1　2017 年粮食主产省份水土资源匹配程度
（耕地占全国百分比和水资源总量占全国百分比）

2. 广义农业水土资源匹配

从广义农业水土资源匹配的角度看，计算每单位耕地上的广义农业水资源量，更能够体现各地区农业水土资源匹配的禀赋状况。

在考虑耕地降落的"绿水"因素后，粮食主产省份的水土资源匹配状况发生了明显的变化（图 1-2）。2017 年，河北用占全国 4.0％ 的广义农业水资源支撑了占全国 4.83％ 的耕地，广义水土比（广义水土比＝广义农业水资源占比/耕地占比）

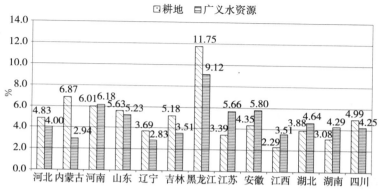

图 1-2 2017 年全国分省广义农业水土资源匹配程度
（耕地占全国百分比和广义农业水资源量占全国百分比）

达到了 0.83，远远高于传统水土比的 0.10；山东广义水土比达 0.93，显著高于其传统水土比 0.14。在其他传统水土比较低的省份，广义水土比也有大幅度提升，如河南（广义水土比 1.03；传统水土比 0.24）、辽宁（0.77；0.18）、吉林（0.68；0.26）、黑龙江（0.78；0.22）、内蒙古（0.43；0.16）基本上都超过 0.5 甚至 1.0。其他主产省份，江苏（0.40；1.67）、安徽（0.63；1.33）、湖北（1.12；1.20）都有上升，而四川（1.72；0.85）、湖南（2.16；1.39）、江西（2.52；1.54）均有下降。

考虑耕地降水"绿水"因素的广义农业水土比，说明了在一些缺水的粮食主产省份，真正支撑其粮食生产的广义农业水资源禀赋。

表 1-1 2017 年全国分省耕地广义农业水土资源匹配

项目	耕地面积（千公顷）	耕地比例（%）	水资源总量（亿米³）	水资源总量比例（%）	耕地灌溉水资源（亿米³）	耕地灌溉水资源比例（%）	广义农业水资源（亿米³）	广义农业水资源比例（%）
全国	134 881.3	100	28 761.2	100	3 316.6	100	10 155.8	100
北京	213.7	0.16	29.8	0.10	2.7	0.08	13.8	0.14
天津	436.8	0.32	13	0.05	9.5	0.29	28.0	0.28
河北	6 518.9	4.83	138.3	0.48	114.5	3.45	405.8	4.00
山西	4 056.3	3.01	130.2	0.45	43.0	1.30	255.2	2.51
内蒙古	9 270.8	6.87	309.9	1.08	120.7	3.64	298.1	2.94
河南	8 112.3	6.01	423.1	1.47	108.2	3.26	627.2	6.18
山东	7 589.8	5.63	225.6	0.78	116.3	3.51	531.5	5.23
辽宁	4 971.6	3.69	186.3	0.65	72.0	2.17	287.2	2.83
吉林	6 986.7	5.18	394.4	1.37	66.6	2.01	356.3	3.51
黑龙江	15 845.7	11.75	742.5	2.58	310.4	9.36	926.6	9.12
上海	191.6	0.14	34	0.12	14.9	0.45	29.4	0.29
江苏	4 573.3	3.39	392.9	1.37	247.1	7.45	575.0	5.66
浙江	1 977.0	1.47	895.3	3.11	70.9	2.14	210.3	2.07
安徽	5 866.8	4.35	784.9	2.73	154.4	4.65	588.7	5.80
福建	1 336.9	0.99	1 055.6	3.67	79.9	2.41	168.4	1.66

（续）

项目	耕地面积（千公顷）	耕地比例（%）	水资源总量（亿米³）	水资源总量比例（%）	耕地灌溉水资源（亿米³）	耕地灌溉水资源比例（%）	广义农业水资源（亿米³）	广义农业水资源比例（%）
江西	3 086.0	2.29	1 655.1	5.75	147.4	4.44	356.7	3.51
湖北	5 235.9	3.88	1 248.8	4.34	129.4	3.90	471.6	4.64
湖南	4 151.0	3.08	1 912.4	6.65	186.2	5.61	435.2	4.29
广东	2 599.7	1.93	1 786.6	6.21	185.0	5.58	377.0	3.71
海南	722.4	0.54	383.9	1.33	31.8	0.96	100.3	0.99
重庆	2 369.8	1.76	656.1	2.28	21.0	0.63	134.5	1.32
四川	6 725.2	4.99	2 467.1	8.58	140.8	4.25	431.5	4.25
贵州	4 518.8	3.35	1 051.5	3.66	56.1	1.69	317.5	3.13
云南	6 213.3	4.61	2 202.6	7.66	86.3	2.60	568.9	5.60
西藏	444.0	0.33	4 749.9	16.51	21.5	0.65	32.0	0.32
广西	4 387.5	3.25	2 388	8.30	175.0	5.28	524.9	5.17
陕西	3 982.9	2.95	449.1	1.56	48.4	1.46	285.7	2.81
甘肃	5 377.0	3.99	238.9	0.83	83.3	2.51	222.8	2.19
青海	590.1	0.44	785.7	2.73	13.9	0.42	27.5	0.27
宁夏	1 289.9	0.96	10.8	0.04	47.3	1.43	88.4	0.87
新疆	5 239.6	3.88	1 018.6	3.54	410.1	12.36	480.0	4.73

二、农作物生产与耗水

（一）农作物生产概况

2017 年，全国农作物总播种面积 166 332 千公顷，比 2016 年同比减少 607 千公顷，减幅 0.36%。粮食作物播种 117 989 千公顷，同比减少 1 241 千公顷，减幅 1.05%。粮食作物中，谷物播种面积 100 765 千公顷，同比减少 1 937 千公顷，减幅 1.89%。水稻播种面积 30 747 千公顷，同比增加 1 千公顷，增幅 0.003%；小麦播种面积 24 508 千公顷，同比减少 186 千公顷，减幅 0.75%；玉米播种面积 42 399 千公顷，同比减少 1 779 千公顷，减幅 4.02%。油料播种面积 13 223 千公顷，同比增加 32 千公顷，增幅 0.24%。棉花播种面积 3 195 千公顷，同比减少 3 千公顷，减幅 0.09%。糖料播种面积 1 546 千公顷，同比减少 9 千公顷，减幅 0.58%。蔬菜播种面积 19 981 千公顷，同比增加 428 千公顷，增幅 2.19%。

从作物种植结构上看，粮食作物播种面积占总播种面积的 70.94%，同比减少 0.48 个百分点。谷物占总播种面积的 60.58%，同比减少 0.94 个百分点。水稻占比 18.49%，同比增加 0.07 个百分点，小麦占比 14.73%，同比减少 0.06 个百分点，玉米占比 25.49%，同比减少 0.97 个百分点。油料作物占比 7.95%，同比减少 0.05 个百分点。棉花占比 1.92%，与 2016 年持平。糖料作物占比 0.93%，与 2016 年持平。蔬菜占比 13.28%，同比提高 0.3 个百分点。

2017 年，全国粮食总产 66 160.7 万吨，同比增加 117.2 万吨，增幅 0.18%。其中，谷物总产 61 520.5 万吨，同比减少146万吨，减幅0.24%。水稻产量21 267.6万吨，同比增产158.2万吨，增产0.75%；小麦总产13 433.4万吨，同比增产106.3万吨，增幅0.80%；玉米总产25 907.1万吨，同比减产454.2万吨，减幅1.723%。豆类总产1 841.6万吨，同比增产190.9万吨，增幅11.6%。薯类总产1 798.6万吨，同比增产72.3万吨，增幅2.65%。

2017年，蔬菜总产69 192.68万吨（以鲜菜计算，下同），同比增产1 757.52万吨，增幅2.61%。棉花总产565.3万吨，同比增产31万吨，增幅5.8%。油料总产3 475.2万吨，增产75.2万吨，增产2.21%。糖料产量中，甘蔗总产10 440.4万吨，同比增产118.9万吨，增幅1.15%；甜菜总产938.4万吨，同比增产83.9万吨，增幅9.82%。

从分省作物产量看，2017年，13个粮食主产省份的粮食总产占全国粮食总产的78.1%。13个粮食主产省份生产了全国80.1%的谷物，77.3%的水稻，86.1%的小麦，79.8%的玉米，80.1%的豆类和50.3%的薯类。2017年，全国棉花产量主要集中于新疆、河北、山东、湖北和湖南5个省份，它们生产了全国91.9%的棉花。2017年，全国油料产量主要集中于河南、四川、山东、湖北、内蒙古、湖南、辽宁、河北、吉林、辽宁、江西、贵州、江苏、甘肃、新疆等省份，它们生产了全国77.3%的油料。在糖料作物中，甘蔗产量主要集中于广东、广西、云南3省份，它们的产量占全国的95.7%。甜菜主要由内蒙古和新疆生产，占全国产量的84.5%。

综上，2017年，全国粮食总产继续实现了"连增"，但在品种结构上发生了一些变化。谷物的种植结构中，面积上，水稻有小幅增长，小麦和玉米有小幅下降；产量上，水稻和小麦都有小幅增长，但玉米有小幅下降。2017年，粮食作物中豆类面积和产量的适度扩张弥补了谷物的不足，所以整体上维持了粮食"连增"的局面。

（二）农作物耗水量

植物叶片表面的气孔在吸收 CO_2 的同时散发出水汽（蒸腾），植物同化二氧化碳，从而形成生物量和经济产量。作物生产过程中，不仅有植物的蒸腾，还有土面的蒸发，蒸发加蒸腾称之为蒸散量，这部分水分由于作物产量（生物量）的形成而不可恢复地消耗，所以是作物生产中的耗水。一般来说，作物的产量与蒸散耗水量之间存在总体上的正相关，但是，由于作物种类、品种、管理、节水措施、种植结构的不同，作物产量与耗水量之间并不一定严格遵循正相关的普遍规律。

1. 农作物总耗水量

2017 年，全国农作物总耗水量 7 232.6 亿米³，同比减少119.2 亿米³，减幅 1.62%。其中，来源于灌溉的耗水量1 910.2 亿米³，同比减少 13.8 亿米³，减幅 0.72%；来源于降水的耗水量 5 322.4 亿米³，同比减少 105.4 亿米³，减幅 1.94%。

2. 粮食作物耗水量

2017 年，粮食作物总耗水量 5 413.7 亿米³，同比减少158.5 亿米³，减幅 2.84%。其中，来源于灌溉的耗水量1 380.4 亿米³，同比减少 35.1 亿米³，减幅 2.48%；来源于降水的耗水量 4 033.3 亿米³，同比减少 123.3 亿米³，降幅2.97%。2017 年粮食总产比 2016 年增产 0.18%，但耗水量比2016 年减少 2.84%，这是由于不同耗水特性的作物种植结构发生了变化，也有作物本身水分利用效率提高的原因，单方耗水获得了更高的产出。

粮食作物中，水稻、小麦、玉米是重要的口粮，大豆是植物蛋白的主要来源，其中，水稻、小麦、大豆属于 C_3 作物，玉米属于水分生产力较高的 C_4 作物，这四大粮食作物的耗水量对粮食作物的耗水量影响很大。

2017 年，四大粮食作物的总产 62 156.2 万吨，同比下降 146.62 万吨，降幅 0.24%。水稻、小麦、玉米、大豆总耗水量 4 821.3 亿米³，同比减少 132.1 亿米³，减幅 2.65%。

2017 年，水稻总产 21 267.51 万吨，同比增加 20.5 万吨，增幅 0.1%。水稻耗水量 2 284.8 亿米³，同比增加 1.6 亿米³，增幅 0.1%。小麦总产 13 433.34 万吨，同比增加 110.02 万吨，小麦耗水量 914.7 亿米³，同比减少 9.8 亿米³，减幅 1.1%。玉米总产 25 907.01 万吨，同比减少 451.45 万吨，减幅 1.71%，玉米耗水量 1 386.1 亿米³，同比减少 128.1 亿米³，减幅 8.5%。大豆总产 1 625.23 万吨，同比增加 173.57 万吨，增幅 11.96%，大豆耗水量 235.6 亿米³，同比增加 5.2 亿米³，增幅 2.2%。总体上，四大粮食作物耗水量随着产量降低而减少。

2017 年，水稻总产占四大粮食作物总产的 34.2%，而其耗水量占四大粮食作物总耗水量的 47.2%。水稻是最大的耗水作物。小麦在四大粮食作物中占比 21.6%，耗水量占比 19.0%。玉米总产占比 41.7%，耗水量占比仅 28.8%。大豆产量占比 2.6%，耗水量占比 4.9%（表 2-1）。

表 2-1 2017 年全国主要粮食作物耗水量、耗水比例、产量和产量比例

四大作物	水稻	小麦	玉米	大豆
耗水量（亿米³）	2 284.8	914.7	1 386.1	235.6
耗水比例（%）	47.4	19.0	28.8	4.9
产量（万吨）	21 267.51	13 433.3	25 907.01	1 625.23
产量比例（%）	34.2	21.6	41.7	2.6

玉米是 C_4 作物，水分生产力较高。小麦是 C_3 作物，但是由于节水品种以及农艺和工程节水措施的实施，水分生产力不断提高，耗水占比略小于产量占比。水稻由于其淹水种植的生

理特征，耗水占比远远大于产量占比。大豆产量占比虽小，但其耗水占比几乎是其产量占比的两倍。大豆是 C_3 作物，是高耗水作物，但 2017 年大豆耗水量同比增幅远远小于其总产增幅，说明随着综合管理和节水措施的加强，大豆水分利用效率在大幅度提升。

2017 年，四大粮食作物耗水量占粮食作物总耗水量的比例为 89.1%。2017 年，全国 13 个粮食主产省份的粮食耗水量 3 706.25 亿米³，同比减少 211.23 亿米³，减幅 5.39%。主产省份粮食耗水量占全国粮食总耗水量的 68.5%。2017 年，粮食耗水量占作物总耗水量的 74.85%，是种植业第一大耗水户。

3. 蔬菜耗水量

2017 年，全国蔬菜总产 69 192.68 万吨（以鲜菜计算，下同），同比增产 1 757.52 万吨，增幅 2.61%。蔬菜总耗水量 887.98 亿米³，同比增加 48.62 亿米³，增幅 5.79%，蔬菜耗水增加幅度大于产量增加幅度。其中，灌溉耗水量 230.44 亿米³，同比增加 14.19 亿米³，增幅 6.56%；降水耗水量 657.55 亿米³，同比增加 34.43 亿米³，增幅 5.52%。无论是灌溉耗水量还是降水耗水量增加的幅度都高于产量增加的幅度。灌溉耗水在蔬菜总耗水量中的占比 26.0%，降水占 74.0%。2017 年，蔬菜耗水占作物总耗水量的 12.28%，是种植业第二大耗水户。

蔬菜在我国各省份广泛分布，从产量占全国总产来看，蔬菜主产省份是：山东（11.76%）、河南（10.88%）、江苏（8.01%）、河北（7.31%）、四川（6.15%）、湖北（5.53%）、湖南（5.31%）、广西（4.74%）、广东（4.59%）、贵州（3.28%）、云南（3.00%）、安徽（2.92%）、浙江（2.76%）、重庆（2.69%）、新疆（2.63%）、辽宁（2.60%）、陕西（2.51%）。2017 年，这 17 个蔬菜主产省份的总产占全国的

84.16%。2017 年，17 个蔬菜主产省份的蔬菜耗水总量占全国 72.51%。

蔬菜产量，从绝对值看，已经超过了粮食总产量。但是，由于蔬菜种类繁多、品种庞杂、含水量大、含水差异大，蔬菜总产量的绝对值在某种程度上不能与粮食总产进行类比。但是蔬菜已经成为紧随粮食作物之后的第二大种植业耗水户，今后需要引起特别关注。

4. 棉花耗水量

2017 年，全国棉花产量 565.34 万吨（皮棉，下同），同比增产 35.42 万吨，增幅 6.68%。棉花耗水总量 218.72 亿米^3，同比增加 18.4 亿米^3，增幅 9.19%。其中，棉花灌溉耗水量 125.45 亿米^3，同比增加 16.27 亿米^3；降水耗水量 93.27 亿米^3，同比增加 2.14 亿米^3，增幅 2.34%。

2017 年全国棉花主要集中于新疆，其产量占全国总产的 80.77%。其他生产棉花的省份还有：河北（4.25%）、山东（3.66%）、湖北（3.26%）、湖南（1.95%）、江西（1.86%）、安徽（1.52%）。这 7 个省份的棉花总产占全国总产的 97.26%，基棉花耗水总量 213.77 亿米^3，占棉花全国总耗水量的 97.74%。2017 年，棉花耗水占作物总耗水量的 3.02%。

5. 油料耗水量

2017 年，全国油料作物（包括花生、油菜籽、芝麻、葵花子、胡麻籽）总产量 3 477.29 万吨，同比增产 75.27 万吨，增幅 2.21%。油料作物耗水总量 623.49 亿米^3，同比增加 3.82 亿米^3，增幅 0.62%。其中，灌溉耗水量 148.16 亿米^3，同比增加 0.56 亿米^3，增幅 0.38%；降水耗水量 475.33 亿米^3，同比增加 3.26 亿米^3，增幅 0.69%。

油料作物在我国分布广泛，各省份都有种植。2017 年，全国油料作物生产主要集中于河南（产量占全国总产 16.88%）、四川（10.30%）、山东（9.16%）、湖北

（8.85%）、内蒙古（6.93%）、湖南（6.51%）、安徽（4.45%）、河北（3.72%）、吉林（3.70%）、江西（3.47%）、贵州（3.32%）、广东（2.92%）。这12个省份出产了全国80.21%的油料，而其耗水总量占全国油料耗水总量的72.97%。2017年，油料耗水量占作物总耗水量的8.58%，是种植业第三大耗水户。

6. 糖料耗水量

2017年，全国糖料作物（包括甘蔗、甜菜）总产量11 378.8万吨，同比增产202.77万吨，增幅1.81%。糖料作物总耗水量91.47亿米^3，同比增加2.91亿米^3，增幅3.29%。其中灌溉耗水量25.71亿米^3，同比增加0.84亿米^3，增幅3.39%；降水耗水量65.76亿米^3，同比增加2.07亿米^3，增幅3.25%。

2017年，甘蔗生产主要集中于广西（产量占全国总产68.31%）、云南（14.52%）、广东（12.87%）3省份，它们的甘蔗产量之和占全国95.7%。甜菜生产主要是新疆（产量占全国总产47.77%）和内蒙古（36.69%），2个自治区的甜菜总产占全国总产84.46%。5个主产省份的糖料耗水量占全国糖料耗水量的92.9%。2017年，糖料作物耗水量占作物总耗水量的1.26%。

（三）农作物耗水结构——灌溉和降水贡献率

降水贡献率，是指在流域或区域范围内，农业生产（种植、畜牧、水产）中消耗的总蒸散量中来源于"绿水"的部分与总蒸散量之比。灌溉贡献率，是指在流域或区域范围内，农业生产（种植、畜牧、水产）中消耗的总蒸散量中来源于"蓝水"的部分与总蒸散量之比。

本报告计算了全国作物生产中"绿水"和"蓝水"的贡献率。结果显示，全国作物生产中，灌溉贡献率26.41%，降水贡献率73.59%。粮食作物灌溉贡献率25.5%，降水贡献率74.5%。蔬菜灌溉贡献率25.95%，降水贡献率74.05%。棉花灌溉贡献率57.36%，降水贡献率42.64%。油料作物灌溉贡献率23.76%，降水贡献率76.24%。糖料作物灌溉贡献率28.11%，降水贡献率71.89%。

全国分省粮食生产中"蓝水"和"绿水"贡献率的计算结果显示：大部分省份的"绿水"贡献率都超过了50%，只有少数省份的"蓝水"贡献率超过"绿水"贡献率，如新疆、上海、宁夏、青海、广东、北京、西藏和甘肃。这些省份主要分布于西北地区（新疆、宁夏、青海和甘肃），但华北（北京）、东南（上海、广东）和西南（西藏）也分布有个别省份。值得注意的是：13个粮食主产省份中，粮食生产中的"绿水"贡献率普遍都超过"蓝水"贡献率。

三、农作物的用水效率和效益

（一）用水效率——灌溉水有效利用系数

灌溉水有效利用系数，是指灌入田间可被作物利用的水量与渠首引进的总水量的比值，灌溉水有效利用系数应等于渠系水利用系数与田间水利用系数的乘积。

根据水利部发布的《2017年中国水资源公报》数据，2017年，全国灌溉水有效利用系数为0.548，比2016年提高0.006，增幅1.11%。

北方粮食主产省份中，河北灌溉水有效利用系数为0.672，为所有主产省份中最高，也是全国最高水平。山东（0.637）、河南（0.608）、黑龙江（0.600）均在0.600水平线之上。辽宁（0.589）、吉林（0.579）均超过全国平均水平，只有内蒙古（0.538）略低于全国平均水平。南方主产省份中，只有江苏（0.608）在全国平均水平以上，安徽（0.532）、江西（0.503）、湖北（0.511）、湖南（0.515）、四川（0.467）均低于全国水平。

在非粮食主产省份中，位于干旱半干旱区的陕西（0.565）和甘肃（0.553）均高于全国水平，山西（0.538）略低于全国水平。

各省份灌溉水有效利用系数的高低，除了与其灌溉方式以及节水灌溉技术应用水平有关外，还与作物种植结构有关，特别是在以水稻为主的南方省份。总体上，位于干旱半干旱以及缺水的北方粮食主产省份和部分非主产省份的灌溉水有效利用系数普遍高于南方主产省份和非主产省份。

（二）用水效益——物质水分生产力

作物用水效益有物质效益和经济效益两大类。本报告中指物质效益，即立方米耗水产出的作物产量。本报告涵盖的作物大类有：粮食作物、油料作物、糖料作物、纤维作物、蔬菜作物。其中粮食作物包括：谷物（水稻、玉米、小麦、其他谷物）、薯类、豆类（大豆和其他豆类）作物。油料作物主要包括：花生、油菜籽、芝麻、葵花籽、胡麻籽等。纤维作物主要包括：棉花、各种麻类作物（黄红麻、亚麻、苎麻）。糖料作物包括：甘蔗和甜菜。蔬菜作物主要涵盖：叶菜类、果菜类、根茎类蔬菜。为了报告的实用性和适用性，本报告只报道作物大类的水分生产力。其中粮食作物中，水稻、玉米、小麦和大豆的水分生产力要单独进行报道。由于近年来蔬菜产量持续增长，其总产量已经超过粮食作物，因此，在报告顺序上将蔬菜作物置于仅次于粮食作物的位置。

由于不同作物水分利用效率相差较大，本报告将按照作物大类报告水分生产力。

1. 粮食综合水分生产力

2017 年，全国粮食作物综合水分生产力为 1.222 千克/米³，相当于吨粮耗水 818 米³，水分生产力同比提高 0.037 千克/米³，增幅 3.11%，吨粮耗水同比减少 25 米³。

2017 年，13 个粮食主产省份的水分生产力情况如下。东北区黑龙江粮食综合水分生产力 0.933 千克/米³（吨粮耗水 1 072 米³），同比提高 0.143 千克/米³，增幅 18.15%；吉林 1.441 千克/米³（吨粮耗水 694 米³），同比提高 0.091 千克/米³，增幅 6.73%；辽宁 1.445 千克/米³（吨粮耗水 692 米³），同比提高 0.105 千克/米³，增幅 7.86%。华北区河北粮食综合水分生产力 1.617 千克/米³（吨粮耗水 619 米³），同比提高 0.016 千克/米³，增幅 0.98%；内蒙古 1.104 千克/米³（吨粮耗水 906 米³），同比提高 0.149 千克/米³，增幅 15.63%；河南 1.908 千克/米³（吨粮耗水 524 米³），同比提高 0.134 千克/米³，增幅 5.55%；山东 1.581 千克/米³（吨粮耗水 632 米³），同比提高 0.083 千克/米³，增幅 4.10%。东南区江苏粮食综合水分生产力 1.281 千克/米³（吨粮耗水 781 米³），同比降低 0.04 千克/米³，降幅 3.05%；安徽 1.635 千克/米³（吨粮耗水 612 米³），同比降低 0.017 千克/米³，降幅 1.03%；江西 1.286 千克/米³（吨粮耗水 778 米³），同比提高 0.012 千克/米³，增幅 0.92%；湖北 1.276 千克/米³（吨粮耗水 783 米³），同比提高 0.021 千克/米³，增幅 1.639%；湖南 1.578 千克/米³（吨粮耗水 634 米³），同比降低 0.055 千克/米³，降幅 3.376%。西南区四川粮食综合水分生产力 1.159 千克/米³（吨粮耗水 863 米³），同比降低 0.021 千克/米³，降幅 1.78%。

总体上，13 个粮食主产省份的水分生产力，除了黑龙江、内蒙古、四川 3 省份，其他 10 省份均高于全国平均水平。

2. 水稻水分生产力

2017 年，全国水稻水分生产力为 0.933 千克/米³，吨粮耗水量 1071 米³，同比提高 0.001 千克/米³，增幅 0.05%。

13 个粮食主产省份中的南方水稻主产区，江苏水稻水分生产力 1.179 千克/米³，同比降低 2.89%，吨粮耗水 848 米³；安徽 1.209 千克/米³，同比降低 11.58%，吨粮耗水 827 米³；江西 1.301 千克/米³，同比提高 0.88%，吨粮耗水 768 米³；湖北 1.309 千克/米³，同比提高 2.93%，吨粮耗水 764 米³；湖南 1.566 千克/米³，同比降低 3.30%，吨粮耗水 639 米³；四川 1.126 千克/米³，同比降低 1.74%，吨粮耗水 888 米³。除南方 6 省份外，东北也是优质水稻主要产区，尤其是黑龙江水稻面积，近几年由于市场需求增加，播种面积和产量不断增加。东三省中，辽宁水稻水分生产力 0.786 千克/米³，同比提高 4.35%，吨粮耗水 1 273 米³；吉林 0.727 千克/米³，同比提高 6.85%，吨粮耗水 1 375 米³；黑龙江 0.682 千克/米³，同比提高 19.97%，吨粮耗水 1 467 米³。华北由于缺水，水稻种植面积一直在减少，只有河南的水稻产量在 400 万～500 万吨。河南的水稻水分生产力为 1.651 千克/米³，同比降低 2.05%，吨粮耗水 606 米³。

2017 年，南方 6 省份的水稻水分生产力均高于全国平均水平，吨粮耗水均小于 1 000 米³，但与 2016 年相比，水分生产力都有小幅下降。东北区水稻水分生产力均低于全国平均水平，吨粮耗水在 1 200～1 400 米³ 之间，但东北区水分生产力同比均有所提高，其中黑龙江提高幅度最大，将近 20%。

3. 小麦水分生产力

2017 年，全国小麦水分生产力为 1.470 千克/米³，同比提高 1.92%，吨粮耗水 680 米³。

13 个粮食主产省份中，河北、河南、山东都是重要麦区。河北小麦水分生产力 1.491 千克/米³，同比提高 0.37%，吨粮耗水 671 米^3；河南 1.574 千克/米^3，同比提高 5.04%，吨粮耗水 635 米^3；山东 1.816 千克/米^3，同比提高 2.00%，吨粮耗水 551 米^3。其他小麦播种比例较大的主产省份的小麦水分生产力：江苏 1.835 千克/米^3，同比提高 1.49%，吨粮耗水 545 米^3；安徽 2.031 千克/米^3，同比提高 2.86%，吨粮耗水 493 米^3；湖北 1.306 千克/米^3，同比提高 2.86%，吨粮耗水 493 米^3；四川 1.396 千克/米^3，同比降低 0.57%，吨粮耗水 716 米^3。

2017 年，除了北方小麦主产省份的水分生产力较高外，南方的江苏和安徽，甚至还要高于北方各主产省份，并且南方的湖北、四川的水分生产力水平也较高。

4. 玉米水分生产力

2017 年，全国玉米水分生产力为 1.858 千克/米^3，同比提高 7.26%，吨粮耗水 538 米^3。

2017 年，东北区辽宁玉米水分生产力为 1.734 千克/米^3，同比提高 7.55%，吨粮耗水 577 米^3；吉林 2.183 千克/米^3，同比提高 0.77%，吨粮耗水 458 米^3；黑龙江 1.716 千克/米^3，同比提高 24.61%，吨粮耗水 583 米^3。华北区河北玉米水分生产力 1.626 千克/米^3，同比提高 4.51%，吨粮耗水 615 米^3；内蒙古 1.686 千克/米^3，同比提高 17.09%，吨粮耗水 593 米^3；河南 2.047 千克/米^3，同比提高 5.94%，吨粮耗水 488 米^3；山东 2.199 千克/米^3，同比提高 2.11%，吨粮耗水 455 米^3。东南区江苏玉米水分生产力 1.637 千克/米^3，同比提高 11.2%，吨粮耗水 611 米^3；安徽 1.979 千克/米^3，同比降低 13.63%，吨粮耗水 505 米^3。

2017 年，东三省黑吉辽、华北豫鲁玉米水分生产力处于全国最高水平，安徽玉米水分生产力在南方各主产省份中最高。

5. 大豆水分生产力

2017 年，全国大豆水分生产力为 0.690 千克/米^3，同比提高 9.5%，吨粮耗水 1 449 米³。

黑龙江大豆水分生产力 0.516 千克/米³，同比提高 25.04%，吨粮耗水 1 939 米³；吉林 0.581 千克/米³，同比提高 22.83%，吨粮耗水 1 720 米³；辽宁 0.697 千克/米³，同比提高 27.94%，吨粮耗水 1 434 米³。华北区内蒙古大豆水分生产力 0.406 千克/米³，同比提高 17.03%，吨粮耗水 2 465 米³；河北 0.796 千克/米³，同比提高 2.36%，吨粮耗水 1 256 米³；河南 0.806 千克/米³，同比提高 9.03%，吨粮耗水 1 242 米³。东南区江苏大豆水分生产力 0.508 千克/米³，同比降低 23.69%，吨粮耗水 1 970 米³；安徽 0.586 千克/米³，同比降低 13.15%，吨粮耗水 1 707 米³；江西 1.071 千克/米³，同比提高 4.62%，吨粮耗水 934 米³；湖北 0.526 千克/米³，同比提高 4.78%，吨粮耗水 1 902 米³；湖南 1.140 千克/米³，同比降低 4.08%，吨粮耗水 877 米³。西南区四川大豆水分生产力 0.674 千克/米³，同比降低 0.84%，吨粮耗水 1 484 米³。

6. 蔬菜综合水分生产力

2017 年，全国蔬菜综合水分生产力为 7.792 千克/米³（以鲜菜计算，下同），吨菜耗水 128 米³，同比降低 0.24 千克/米³，降幅 3.01%。

17 个蔬菜主产省份蔬菜综合水分生产力如下。河北 18.997 千克/米³，吨菜耗水 53 米³，同比降低 1.42%；河南 20.576 千克/米³，吨菜耗水 49 米³，同比提高 3.61%；山东 19.897 千克/米³，吨菜耗水 50 米³，同比提高 2.27%；辽宁 12.523 千克/米³，吨菜耗水 80 米³，同比提高 10.56%；江苏 7.719 千克/米³，吨菜耗水 130 米³，同比降低 2.60%；安徽 9.573 千克/米³，吨菜耗水 104 米³，同比提高 48.25%；浙江 3.688 千克/米³，吨菜耗水 271 米³，同比降低 12.44%；湖北 7.124 千克/米³，吨菜耗水 140 米³，同比提高 1.47%；湖南 7.382 千克/米³，吨菜耗水 135 米³，同比降低 3.51%；四川

6.714 千克/米³，吨菜耗水 149 米³，同比降低 1.30%；重庆 5.64 千克/米³，吨菜耗水 177 米³，同比提高 2.56%；贵州 3.559 千克/米³，吨菜耗水 281 米³，同比提高 3.06%；云南 3.177 千克/米³，吨菜耗水 314 米³，同比降低 5.27%；广东 4.310 千克/米³，吨菜耗水 232 米³，同比降低 11.13%；广西 3.973 千克/米³，吨菜耗水 252 米³，同比降低 0.63%；陕西 8.708 千克/米³，吨菜耗水 115 米³，同比降低 5.80%；新疆 7.637 千克/米³，吨菜耗水 131 米³，同比提高 6.58%。

2017 年，位于蔬菜水分生产力第一梯队的是华北主产省份，苏、皖、两湖、川渝、陕新处于第二梯队，云、贵、两广最低。

7. 棉花水分生产力

2017 年，全国棉花总产量 565.25 万吨（皮棉），棉花耗水量 218.72 亿米³，水分生产力 0.268 千克/米³，吨棉耗水 3 731 米³，同比提高 1.36%。

2017 年，全国棉花主产省份是：新疆产棉占全国总产 80.77%，河北 4.25%，山东 3.66%，湖北 3.26%，湖南 1.95%，江西 1.86%，安徽 1.52%，它们生产了全国 97.26% 的棉花。

2017 年，新疆棉花水分生产力 0.250 千克/米³，同比提高 3.50%，吨棉耗水 4 000 米³；河北 0.306 千克/米³，同比提高 2.54%，吨棉耗水 3 270 米³；山东 0.539 千克/米³，同比提高 3.52%，吨棉耗水 1 857 米³；湖北 0.196 千克/米³，同比降低 2.86%，吨棉耗水 5 114 米³；湖南 0.294 千克/米³，同比降低 7.49%，吨棉耗水 3 404 米³；江西 0.334 千克/米³，同比提高 3.31%，吨棉耗水 2 998 米³；安徽 0.291 千克/米³，同比降低 5.90%，吨棉耗水 3 440 米³。棉花是典型的高耗水作物，山东的棉花水分生产力最高，超过了 0.50 千克/米³，其他棉花主产省份都在 0.2～0.4 千克/米³ 之间。

8. 油料综合水分生产力

2017 年，全国油料作物总产 3 477.29 万吨，总耗水量 623.49 亿米³，综合水分生产力 0.558 千克/米³，同比提高 1.59%，吨油耗水 1 793 米³。

13 个油料主产省份水分生产力如下。河南油料综合水分生产力 1.187 千克/米³，同比提高 1.74%，吨油耗水 842 米³。河南油料作物主要是花生和芝麻，产量分别占全国总产的 39.00% 和 38.53%。四川 0.506 千克/米³，同比降低 1.62%，吨油耗水 1 976 米³。四川主要出产油菜籽，占全国总产的 21.70%。山东 1.456 千克/米³，同比提高 4.41%，吨油耗水 687 米³。山东主要出产花生，占全国总产的 18.34%。湖北 0.519 千克/米³，同比提高 3.0%，吨油耗水 1 928 米³。湖北主要出产油菜籽和芝麻，分别占全国总产的 16.06% 和 28.69%。内蒙古 0.497 千克/米³，同比提高 21.43%，吨油耗水 2 011 米³。内蒙古主要出产油菜籽，占全国产量的 2.68%。湖南 0.486 千克/米³，同比降低 3.60%，吨油耗水 2 058米³。湖南主要出产油菜籽，产量占全国的 14.74%。安徽 0.888 千克/米³，同比降低 1.44%，吨油耗水 1 125 米³。安徽主要出产油菜籽和花生，产量分别占全国的 6.27% 和 4.03%。河北 0.922 千克/米³，同比降低 2.62%，吨油耗水 1 085 米³。河北主要出产花生，占全国总产的 6.05%。吉林 0.605 千克/米³，同比提高 19.68%，吨油耗水 1 653 米³。吉林主要出产花生，占全国总产的 6.40%。江西 0.378 千克/米³，同比提高 3.30%，吨油耗水 2 644 米³。江西主要出产油菜籽和芝麻，分别占全国总产的 5.30% 和 9.02%。贵州 0.343 千克/米³，同比提高 1.36%，吨油耗水 2 916 米³。贵州主要出产油菜籽，占全国总产的 6.63%。广东 0.508 千克/米³，同比降低 11.33%，吨油耗水 1 968 米³。广东主要出产油菜籽，占全国总产的 14.74%。

油料作物主要包括花生、油菜籽和芝麻，由于各主产省份油料作物内部结构的不同，水分生产力有很大的差异。总体上，油菜籽水分生产力最低，花生和芝麻水分生产力比油菜籽高，但存在地区间差异。总体上，河南、山东、河北、安徽的油料综合水分生产力最高。

9. 糖料水分生产力

2017 年，全国糖料作物总产 11 378.8 万吨，耗水量 71.47 亿米^3，水分生产力 12.44 千克/米^3，同比降低 1.43%，吨糖耗水 80 米^3。

2017 年内蒙古糖料（甜菜）水分生产力 9.572 千克/米^3，同比提高 20.63%，吨糖耗水 104 米^3。新疆糖料（甜菜）水分生产力 8.905 千克/米^3，同比降低 1.34%，吨糖耗水 112 米^3。广西糖料（甘蔗）水分生产力 13.79 千克/米^3，同比提高 1.29%，吨糖耗水 73 米^3。广东糖料（甘蔗）水分生产力 13.219 千克/米^3，同比降低 23.86%，吨糖耗水 76 米^3。云南糖料（甘蔗）水分生产力 10.483 千克/米^3，同比降低 3.98%，吨糖耗水 95 米^3。

甜菜水分生产力，内蒙古略高于新疆。甘蔗水分生产力，广西广东相差无几，云南最低。糖料作物的水分生产力普遍较高。

（三）真实节水效果评价

传统上农业节水评价的误区在于只重视水分在局部（农田和渠系）而忽视其在全局（灌区和流域）中的运动和转化。因此，在其主要评价指标"输水效率"（主要评价灌溉系统输水效率的灌溉利用系数）中所谓的"浪费"，从全局考察，实际上被区域中其他用户重复利用和消耗，所以在评价节水效果时，大大高估了实际节水量，造成所谓的"纸上节水"。最近 20 年来，在全球农业用水治理创新的核心理念和实践中，节水

表 3-1 2017 年全国农作物生产中实现的"真实节水量"（实际减少灌溉水量）计算

作物大类	2016 年吨品*耗水量	2017 年吨品*耗水量	2017 年产量	在 2016 年吨品耗水水平上的耗水量	2016 年灌溉水贡献	2016 年灌溉水有效利用系数	2016 年吨品耗水条件下的毛灌溉量	在 2017 年吨品耗水条件下的耗水量	2017 年灌溉水贡献	2017 年灌溉水有效利用系数	2017 年吨品耗水条件下的毛灌溉量	真实节水量
单位	米³	米³	万吨	亿米³	%	无量纲	亿米³	亿米³	%	无量纲	亿米³	亿米³
计算项	A	B	C	$D=A\times C$	p_1	q_1	$W_1=\dfrac{D\times p_1}{q_1}$	$E=B\times C$	p_2	q_2	$W_2=\dfrac{E\times p_2}{q_2}$	$S=W_1-W_2$
粮食	844	818	66 160.73	5 582.1	25.4	0.542	2 615.97	5 413.7	24.94	0.548	2 463.83	152.14
蔬菜	127.21	131.09	69 192.68	880.2	26.08	0.542	423.54	907.05	26.22	0.548	433.99	−10.46
棉花	3 780	3 730	565.34	213.71	54.51	0.542	214.93	210.85	55.76	0.548	214.54	0.39
油料	1 821	1 793	3 477.29	633.38	23.82	0.542	278.36	623.49	23.76	0.548	270.33	8.03
糖料	79.24	80.39	11 378.8	90.17	28.08	0.542	46.72	91.47	28.11	0.548	46.92	−0.20
合计							3 579.51				3 429.61	149.89

* 吨品是指每吨农产品（粮食、蔬菜、棉花、油料、糖料）。

评价的重点已经从单一评价"输水效率"转移到综合评价"输水效率"（灌溉利用系数）和"耗水效率"（单位蒸散耗水达成的产量，即水分生产力），评价实行节水措施的区域所减少的净耗水量（蒸散量）、地表水和地下水无效流失量、农作物增产部分所增加的净耗水量所实现的"真实节水量"。

因此本报告基于上述理论基础以及水分生产力计算效果，计算了全国种植业生产中由于水分生产力的提高所实现的"真实节水量"（表3-1）。根据计算结果，2017年，全国作物生产中，由于水分生产力的提高而造成的"真实节水量"为40.15亿米³。结合农业用水量分析，2017年农业用水量比2016年减少1.4亿米³，农田实际灌溉水量减少14.5亿米³，这是"表观节水量"。尽管灌溉水量受多种因素影响，但由于"灌溉水有效利用系数"和"水分生产力"提高而实现的"真实节水量"为149.89亿米³。

四、结　　语

2017年，全国平均年降水量与水资源总量同比均有一定程度减少，但与常年相比均偏多3%左右，属正常年际变异。

2017年，全国农业用水总量3 766亿米³，同比减少1.4亿米³，基本与2016年持平。农业用水占总用水量62.3%，同比减少0.1个百分点，仍是最大用水部门。农业用水占比各省、直辖市、自治区之间差异较大，从东南沿海到西北内陆逐渐递增。13个粮食主产省份农业用水占比均在80%以上，保证了粮食安全的用水需求。2017年，全国农田灌溉量为3 314.3亿米³，占本年度农业用水量的88.06%，农田灌溉仍是农业用水第一大用水户。全国广义农业水资源（以归一化的水深衡量）同比和与常年比均有小幅下降，这与本年度降水量与水资源量同比下降是一致的。从水量衡量，广义农业水资源量10 155.8 亿米³，其中，作物实际消耗 7 232.6 亿米³。作物灌溉耗水占实际灌溉量 57.6%。在作物总耗水中，粮食耗水量占74.85%，是种植业第一大耗水户，紧随其后的是蔬菜（12.28%）、油料（8.58%）、棉花（3.02%）、糖料（1.26%）。

2017 年，我国作物生产在总体水资源状况偏紧，农业用水总量与 2016 年持平的情况下，依然实现了粮食生产的"连增"目标。农业用水效率和作物用水效益继续提升。灌溉水有效利用系数 0.548，同比提高 1.11%。粮食综合水分生产力1.222 千克/米³，同比提高 3.08%；水稻水分生产力 0.933 千克/米³，同比提高 0.05%；小麦水分生产力 1.470 千克/米³，同比提高 1.92%；玉米水分生产力 1.858 千克/米³，同比提高 7.26%；大豆水分生产力 0.690 千克/米³，同比提高9.5%；蔬菜综合水分生产力 7.792 千克/米³，同比降低3.01%；棉花水分生产力 0.258 千克/米³，同比提高 1.36%；油料综合水分生产力 0.558 千克/米³，同比提高 1.59%；糖料水分生产力 12.44 千克/米³，同比降低 1.43%。2017 年，事关我国粮食和食物安全的大宗战略性作物的水分生产力总体上均有上升。

旱作农业综合节水措施配合灌溉节水措施，加上种植结构的调整，有效地延缓了农业用水和耗水的增加幅度。今后，应继续加大对旱作农业节水措施的研发和应用推广工作，在灌溉耕地上推广旱作节水技术能够与节水灌溉技术发挥"协同增效"的效果。2017 年农业用水量比 2016 年减少 1.4 亿米³，农田实际灌溉量减少 14.5 亿米³，这是"表观节水量"。尽管灌溉水量受多种因素影响，但由于"灌溉水有效利用系数"和"水分生产力"的提高而实现节水 149.89 亿米³。

附录一　术语定义

降水量：从天空降落到地面的液态或固态（经融化后）水，未经地表蒸发、土壤入渗、径流损失而在地面上积聚的深度，一般用水深毫米来表示，有时也用体积米^{3}来表示。

可再生地表水资源量：河流、湖泊以及冰川等地表水体中可以逐年更新的动态水量，即天然河川径流量，简称地表水资源量。

可再生地下水资源量：地下饱和含水层逐年更新的动态水量，即降水和地表水的渗漏对地下水的补给量，简称地下水资源量。

可再生水资源量：当地降水形成的地表和地下产水总量，即地表径流量与降水和地表水渗漏补给量之和。

部门用水量：指国民经济主要部门在周年中取用的包括输水损失在内的毛水量，又称取水量。主要的用水部门包括：工业、农业、城乡生活、生态环境。

供水量：各种水源为用水户提供的包括输水损失在内的毛水量。

灌溉面积：一个地区当年农、林、果、牧等灌溉面积的总和。总灌溉面积等于耕地、林地、果园、牧草和其他灌溉面积之和。

耕地灌溉面积：灌溉工程或设备已经基本配套，有一定水源，土地比较平整，在一般年景可以正常进行灌溉的农田或耕地灌溉面积。

耕地实际灌溉面积：利用灌溉工程和设施，在耕地灌溉面积中当年实际已进行正常（灌水一次以上）灌溉的耕地面积。在同一亩耕地上，报告期内无论灌水几次，都应按一亩计算，而不应该按灌溉亩次计算。凡是肩挑、人抬、马拉抗旱点种的面积，一律不算实际灌溉面积。耕地实际灌溉面积不大于灌溉耕地面积。

蓝水：降落在天然水体和河流、通过土壤深层渗漏形成的地下水等可以被人类潜在直接地"抽取"加以利用的水量就是"蓝水"，即传统意义上"水资源"的概念，这部分的水量由于是人类肉眼可见的水，所以被称之为"蓝水"，即上述的"地表水资源"、"地下水资源"和"水资源总量"。

绿水：天然降水中直接降落在森林、草地、农田、牧场和其他天然土地覆被上的可以被这些天然和人工生态系统直接利用消耗形成生物量，为人类提供食物和维持生态系统正常功能的水量就是"绿水"资源，由于这部分的水量直接被天然和人工绿色植被以人类肉眼不可见的蒸散形式所消耗，所以被称之为"绿水"。

绿水流：天然降水通过降落到天然和人工生态系统表面，被土壤吸收而直接用于天然和人工生态系统实际蒸散的水量被称为"绿水流"。

绿水库：天然降水进入土壤，除了一部分通过深层渗漏补给地下水外，储存在土壤里可以为天然和人工生态系统继续利用的土壤有效水量被称为"绿水库"。

广义农业水资源（绝对量）：是指农作物生长发育可以潜在利用的耕地有效降水"绿水"资源和耕地灌溉"蓝水"资源的总和。它是一个以体积（亿米^3）为衡量单位的变量。

广义农业水资源（归一化）：是指在农作物生育期内降落在农田上的降水深度与灌溉深度之和。它是一个以水深（毫米）为衡量单位的变量。

广义农业水土资源匹配：是指一个地区单位耕地面积所占有的广义农业水资源量，是评价一个地区耕地所享有的"蓝水"和"绿水"资源禀赋的衡量指标。

水土资源匹配：是指一个地区单位耕地面积所占有的水资源量，是评价一个地区耕地所享有的"蓝水"资源禀赋的衡量指标。

蓝水贡献率：是指在作物生育期形成的生物量和经济产量所消耗的总蒸散量中，由灌溉"蓝水"而来的蒸散量占总蒸散量的百分数，也可称灌溉贡献率。

绿水贡献率：是指在作物生育期形成的生物量和经济产量所消耗的总蒸散量中，由降水入渗形成的有效土壤水分"绿水"而来的蒸散量占总蒸散量的百分数，也可称降水贡献率。

水分生产力，是指在流域或区域范围内，农业生产总量或总（净）产值除以生产过程中消耗的总蒸散量，单位是千克/米³。

真实节水量，是指评价实行节水措施的区域所减少的净耗水量（蒸散量）、地表水和地下水无效流失量、农作物增产部分所增加的净耗水量所实现的节水量。

附录二 理论和方法

在世界范围内，农业灌溉水量占全部用水量的 70% 左右，这个比例随不同国家的经济发展水平而有所变化。在中国，农业灌溉用水一般占总用水的 60%～70%，这个比例随着不同流域和时间而有所变化，尤其是随着经济的发展，其他部门用水量需求和实际用水量不断增加，农业灌溉用水在总用水量中的比重不断减少，但仍然是流域和区域尺度上最大的用水部门，所以，以前提高农业用水效率的研究和讨论主要集中于提高农业灌溉用水的效率上。实际上，支撑农作物生产和产量形成的不仅仅是灌溉水，还有降落在农田，被土壤吸纳储存后直接用于作物产量形成的天然降水量，而这部分的水量在传统农业用水和评价中一直处于被忽略的地位。

1994 年瑞典斯德哥尔摩国际水研究所的 Falkenmark 首次提出水资源评价中的"蓝水"和"绿水"概念的区分。传统水资源的概念指的是天然降水在地表形成径流，通过地下水补给进入河道，或者直接降落到河道中的水量，这部分水资源在传统水资源评价中被认为是所有人类可利用的"总的水资源量"。而"蓝水"和"绿水"概念的核心理念就是对这个传统的水资源量概念的扩展和修正,尤其是对农作物的生产和生态系统维持和保护来说,天然的总降水量才是所有水资源的来源,无论是进入河道、湖泊和内陆天然水体的地表水,通过土壤深层渗漏形成的地下水等可以被人类直接"抽取"利用的"蓝水"资源,还是降落到森林、草地、农田、牧场上直接被天然和人工生态系统利用的"绿水"资源。

"蓝水"和"绿水"的核心理念是:降落在天然水体和河流,通过土壤深层渗漏形成的地下水等可以被人类直接"抽取"加以利用的水量就是"蓝水",即传统意义上的"水资源"的概念,这部分的水量由于是人类肉眼可见的水,所以被称之为"蓝水";而天然降水中直接降落在森林、草地、农田、牧场和其他天然土地覆被上的可以被这些天然和人工生态系统直接利用消耗形成生物量,为人类提供食物和维持生态系统正常功能的水量就是"绿水"资源,由于这部分的水量直接被天然和人工绿色植被以人类肉眼不可见的蒸散形式所消耗,所以被称之为"绿水"。在"绿水"资源的概念里,包括"绿水流"和"绿水库"。天然降水通过降落到天然和人工生态系统表面,被土壤吸收而直接用于天然和人工生态系统实际蒸散的水量被称为"绿水流";而天然降水进入土壤,除了一部分通过深层渗漏补给地下水外,储存在土壤里可以为天然和人工生态系统继续利用的土壤有效水量被称为"绿水库"。从"蓝水"和"绿水"资源的界定可以看出,后者的范围要远远大于前者。

广义农业可用水资源是指农作物生长发育可以潜在利用的耕地有效降水"绿水"资源和耕地灌溉"蓝水"资源的总和。

根据定义,广义农业可用水资源(Broadly-defined Available Water for Agriculture,BAWA)包括两个分量:耕

地灌溉"蓝水"和耕地有效降水"绿水"。计算公式如下：

$$Q_{gbw} = Q_{bw} + Q_{gw} \qquad (1)$$

其中，Q_{gbw} 是广义农业可用水资源总量（亿米^3）；Q_{bw} 是耕地灌溉"蓝水"资源量（亿米^3）；Q_{gw} 是耕地有效降水"绿水"资源量（亿米^3）。

其中耕地灌溉"蓝水"资源量的估算方法是：

$$Q_{bw} = Q_{ag} \times p_{ir} \qquad (2)$$

其中，Q_{bw} 是耕地灌溉"蓝水"资源量（亿米^3）；Q_{ag} 是农业总用水量；p_{ir} 是耕地灌溉用水占农业总用水量的百分比（%）。

灌溉"蓝水"数据来源于《中国水资源公报》中报告的农业用水量和农田灌溉量。农业用水量中不仅包括耕地灌溉量，还包括畜牧业用水量和农村生活用水量等农业其他部门的用水量。根据全国分省多年平均数据计算，耕地灌溉量一般占农业用水量的 90%～95%。

相比较耕地灌溉"蓝水"资源，耕地有效降水"绿水"资源的估算较为复杂。这主要是因为很难测量和计算降落在耕地上的天然降水。本报告提出了一个简易方法匡算全国耕地的有效降水"绿水"资源量，主要原理如下：天然降水中降落到耕地的部分，除了有一部分形成地表径流补给河道、湖泊等水体外，其余部分则入渗到土壤中。入渗到土壤中的水量，其中一部分渗漏到深层补给地下水体或者侧渗补给地表水体。因此，耕地有效降水"绿水"估算的水平衡方程如下：

$$Q_{gw} = P_{cr} - R_{cr} - D_{cr} \qquad (3)$$

其中，Q_{gw} 是耕地有效降水"绿水"量（亿米^3）；P_{cr} 是耕地降水量（亿米^3）；R_{cr} 是耕地径流量（亿米^3）；D_{cr} 是耕地深层渗漏量（亿米^3）。

该方程又可以称之为耕地有效降水量的估算方程。其中耕地降水的估算方程如下：

$$P_{cr} = P_t \times \frac{A_{cr}}{A_{ld}} \qquad (4)$$

其中，P_t 是降水总量（亿米^3）；A_{cr} 是耕地面积（千公顷）；A_{ld} 是国土面积（千公顷）；A_{cr}/A_{ld} 是耕地面积占国土面积的百分比（%）。

该计算公式蕴含的假设是：假定天然降水均匀地降落在地表各种类型的土地利用和覆被方式上，包括耕地、林地、草地、荒地等。各种土地利用方式所接受的降水和它们各自占国土面积的百分比相当，耕地接受的降水量应该和耕地占国土面积的百分比相当。

在估算耕地径流量 R_{cr} 时，需要做如下假定。首先，假定耕地径流量和降水量的比例，即耕地径流系数，和水资源公报中报告的地表水资源量和降水量的比例相同。其次，在我国主要粮食主产区东北、华北和长江中下游平原，耕地相对平整，耕地径流基本上可以忽略不计。而在我国的丘陵地区，径流系数较大，需要计算耕地径流。

$$R_{cr} = P_{cr} \times \frac{IRWR_{surf}}{P_t} \qquad (5)$$

其中，P_{cr} 是耕地降水量（亿米^3）；$IRWR_{surf}$ 是水资源公报报告的地表水资源量（亿米^3）；P_t 是水资源公报报告的总降水量（亿米^3）。

耕地深层渗漏量 D_{cr} 的估算是采用分布式水文模型进行计算。

$$D_{cr} = P_t \times \frac{d_{cr}}{p_{cr}} \qquad (6)$$

其中，d_{cr} 是水文模型计算的区域耕地深层渗漏量（亿米^3）；p_{cr} 是水文模型计算的区域降水量（亿米^3）。

具体的计算原理和过程，以及结果的验证见相关文献。

水土资源匹配是指单位耕地面积所享有的水资源量。但是，传统的水土资源匹配计算时的水资源量是指"蓝水"资源。这个指标的缺点是：用总的"蓝水"资源，即水资源公报中所报告的水资源总量和耕地面积匹配，而这部分水资源中只有其中一部分可以被农业利用。为了更确切地定量分析农业可以潜在利用的水量和耕地数量的匹配，本报告从广义农业可用水资源出发计算了广义农业水土资源匹配，计算公式如下：

$$D_{match} = \frac{Q_{gbw}}{A_{cr}} \qquad (7)$$

其中，D_{match}是广义农业水土资源匹配（米³/公顷）；Q_{gbw}是广义农业可用水资源量（亿米³）；A_{cr}是耕地面积（千公顷）。

粮食生产耗水量是指粮食作物经济产量形成过程中消耗的实际蒸散量。水分生产力是指粮食作物单位耗水量（实际蒸散量）所形成的经济产量。

$$CWP_{bs} = \frac{Y_c}{ET_a} \qquad (8)$$

其中，CWP_{bs}是省域作物水分生产力（千克/米³）；Y_c是省域粮食作物产量（千克）；ET_a是省域粮食作物产量形成过程中的耗水量，即实际蒸散量（米³）。

与"广义农业可用水资源"概念相对应的还有下述主要概念：

"蓝水"贡献率：是指在流域或区域范围内，农业生产（种植、畜牧、水产）中消耗的总蒸散量中来源于"蓝水"的部分与总蒸散量之比。

"绿水"贡献率：是指在流域或区域范围内，农业生产（种植、畜牧、水产）中消耗的总蒸散量中来源于"绿水"的部分与总蒸散量之比。

作物水分生产力：是指在流域或区域范围内，农业生产总量或总（净）产值与生产过程中消耗的总蒸散量之比。

农业用水公报相关计算流程

本报告计算流程主要分为 3 个阶段（图 4-1）。

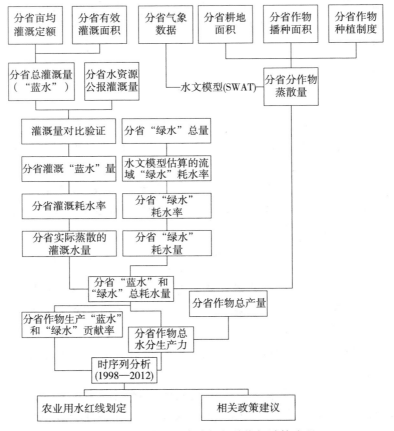

图 4-1　中国农业用水公报相关指标计算流程

首先，是数据收集和整理以及研究方案确定。第二阶段是进行国家和区域尺度农田"蓝水"和"绿水"特征及作物水分生产力评价方法的完善，具体包括：基于流域的水文—作物建模计算（SWAT）和结果验证。第三阶段是总结集成分析研究结果，考虑气候变化和社会经济的影响，确定"农业用水红线"，并提出国家和区域尺度农业用水红线及相应的政策建议。

首先，利用全国数字高程模型（DEM）、全国土地利用和覆被空间数据、全国土壤空间和属性数据、全国气象数据，在水文和作物模型 SWAT 中进行水文基本模拟、校验和验证，然后结合全国农作区划数据、全国农作物监测站点数据、全国灌溉站点监测数据，分流域、分省域对全国农作物生长和耗水进行计算，在模型率定和结果校验后得到分省分作物生长季的实际蒸散耗水量和产量，同时得到农作物生长季的水平衡各项。其次，利用《中国水资源公报》中各省亩均灌溉定额以及分省有效灌溉面积，计算分省灌溉量，然后与分省水资源公报中的灌溉量进行比对验证，之后得到分省灌溉"蓝水"量，再根据水资源公报中报告的灌溉耗水率得到实际消耗的灌溉"蓝水"量。第三，结合水文模型计算流域和省域"绿水"耗水量，得到各省和全国的"蓝水"和"绿水"消耗总量，并结合作物产量，得到分省作物生产中"蓝水"和"绿水"的贡献率、消耗率、作物水分生产力。

第二部分
2018年中国农业用水报告

一、广义农业可用水资源

（一）降水量和水资源量

1. 降水量

2018 年，全国平均年降水量 682.5 毫米，比多年平均值偏多 6.2%，比 2017 年增加 2.7%。与 2017 年比较，7 个水资源一级区降水量增加，其中松花江区增加 26.4%；珠江区、长江区、西南诸河区分别减少 4.7%、3.2% 和 1.1%。

降水量不仅是"蓝水"和"绿水"总的来源，也是评价广义农业可用水量最根本的水源。担负我国粮食安全重任的辽河与松花江流域的降水均有增加，尤其是松花江流域增加了 26.4%，这对主要依靠降水的东北作物生产具有积极影响。

从行政分区看，22 个省（自治区、直辖市）降水量比多年平均值偏多，其中青海、宁夏、甘肃、新疆分别偏多 20% 以上；9 个省（自治区、直辖市）比多年平均值偏少，辽宁比常年偏少 13.6%。

从 13 个粮食主产省份看，东北区的黑龙江降水量比 2017 年同比增加 20.3%，比常年增加 18.8%；吉林同比增加 12.9%，比常年偏多 10.5%；辽宁同比增加 7.8%，比常年偏少 13.6%。华北区的河北同比增加 6.0%，比常年偏少 4.5%；内蒙古同比增加 57.6%，比常年偏多 16.3%；山东同比增加 24.2%，比常年偏多 16.2%；河南同比减少 8.8%，比常年偏少 2.1%。东南区的江苏同比增加 8.1%，比常年偏多 9.4%；安徽同比增加 4.8%，比常年偏多 12.1%；江西同比减少 10.3%，比常年偏少 9.2%；湖北同比减少 18.1%，比常年偏少 9.1％；湖南同比减少 9.1％，比常年偏少 6.0％。西南区的四川同比增加 11.6％，比常年偏多 7.3％。

总体上，黑龙江、吉林、内蒙古、山东等北方主产省份降水量出现同比和常年比的"双增加"，对缓解北方区农业用水紧张具有积极作用。南方区，除江苏、安徽和四川"双增长"，江西、湖北、湖南都出现"双下降"，对其农业用水产生影响。

2. 地表和地下水资源量

天然降水降落到陆地生态系统，在不同下垫面（地形、土壤、地表覆被、土地利用等）影响下，分割成为"蓝水"资源（可再生地表水和地下水）和"绿水"资源（土壤有效储水量）。由于下垫面不同，相同或类似降水形成的水资源量在不同地区会存在差异，换言之，降水量增加并不意味着水资源量按比例地增加；反之，降水量的减少也不意味着水资源量按比例地减少。

2018 年，全国地表水资源量 26 323.2 亿米³，折合年径流深 278.0 毫米，比多年平均值偏少 1.4％，比 2017 年减少 5.1％。从水资源分区看，黄河区、西北诸河区、淮河区、松花江区、西南诸河区、珠江区地表水资源量比多年平均值偏多，其中黄河区偏多 23.5％。辽河区、东南诸河区、海河区、长江区偏少，其中辽河区、东南诸河区分别偏少 24.6％ 和 24.2％。与 2017 年比较，辽河区、黄河区、海河区、松花江区地表水资源量分别增加 30.0％ 以上，淮河区增加 10.0％；东南诸河区、长江区、珠江区、西北诸河区、西南诸河区减少，其中东南诸河区、长江区分别减少 16.3％ 和 11.9％。值得注意的是：作为粮食主产区的辽河流域地表水资源已经连续第二年比常年偏少。海河流域虽然比常年偏多，但流域中的河北却连续第二年比常年偏少。

从行政分区看，全国有 15 个省份地表水资源量比多年平均值偏多，其中青海、海南和上海 3 个省份偏多 30％ 以上；

有 16 个省份偏少，其中福建、辽宁 2 个省偏少 30% 以上。13 个粮食主产省份中，黑龙江（15%）、吉林（15%）、安徽（18%）、山东（17%）、四川（13%）、江苏（3%）6 个省份比常年偏多。湖北（－17%）、河南（－20%）、湖南（－20%）、内蒙古（－24%）、江西（－25%）、河北（－29%）、辽宁（－30%）7 个省份比常年偏少。

值得注意的是，南方 6 个粮食主产省份，一半比常年偏多，一半比常年偏少，且偏少的幅度均大于 20%。河北已经连续第二年比常年偏少，且偏少幅度都较大（2017 年偏少 40%）。这对河北正在实施的地下水超采综合治理会产生一定的负面影响。作为粮食主产流域的辽河和海河，地表水资源量与常年相比的减少幅度均超过 40%。主产流域松花江的地表水资源量也比多年平均值偏少。

3. 水资源总量

2018 年，全国水资源总量为 27 462.5 亿米^3，与多年平均值基本持平，比 2017 年减少 4.5%。其中，地表水资源量 26 323.2 亿米^3，地下水资源量 8 246.5 亿米^3，地下水与地表水资源不重复量为 1 139.3 亿米^3。全国水资源总量占降水总量的 42.5%，平均单位面积产水量为 29.0 万米^3/千米^2。

水资源一级分区中，北方 6 区总体比常年偏多 10%，南方 4 区比常年减少 4%。松花江比常年偏多 13%，黄河偏多 20%，淮河偏多 13%，西北诸河偏多 16%，辽河偏少 22%，海河偏少 9%；长江偏少 6%，东南诸河偏少 24%，珠江偏多 1%，西南诸河偏多 4%。综上，主要的粮食生产流域中，松花江、黄河、淮河的水资源量都比常年偏多，辽河、海河、长江均比常年偏少。

在 13 个粮食主产省份中，黑龙江比常年偏多 22%，吉林（20%）、江苏（17%）、安徽（17%）、山东（12%）、四川（12%）均比常年偏多。内蒙古（－16%）、河南（－16%）、湖北（－17％）、河北（－20％）、湖南（－20％）、江西（－27％）、辽宁（－31％）均比常年减少。2018 年，粮食主产省份的水资源状况喜忧参半，尤其是南方主产省份偏少幅度较大。北方 7 个主产省份中有 4 个均比常年偏少。

（二）部门用水分配

1. 各部门用水量和占比

2018 年，全国用水总量 6 015.5 亿米^3，其中，生活用水 859.9 亿米^3，占用水总量的 14.3％；工业用水 1 261.6 亿米^3，占用水总量的 21.0％；农业用水 3 693.1 亿米^3，占用水总量的 61.4％；人工生态环境补水 200.9 亿米^3，占用水总量的 3.3％。与 2017 年相比，用水总量减少 27.9 亿米^3，其中，农业用水量减少 73.3 亿米^3，工业用水量减少 15.4 亿米^3，生活用水量及人工生态环境补水量分别增加 21.8 亿米^3 和 39.0 亿米^3。

在全国 13 个粮食主产省份中，山东（－0.37％）、辽宁（－1.35％）、河南（－2.36％）、河北（－3.97％）、吉林（－6.01％）、黑龙江（－3.67％）、江苏（－2.60％）、安徽（－2.65％）、四川（－2.43％）9 省份的农业用水量比 2017 年下降；内蒙古（1.59％）、江西（2.82％）、湖北（3.85％）、湖南（0.41％）4 省份的农业用水量增加。降水量比常年偏多的省份，如黑龙江、吉林、山东、安徽、四川，由于农田降水量（"绿水"）增加，所以农业用水量（"蓝水"）相应减少。但是，在降水比常年减少偏多的省份，如河北、江西、湖北、湖南，由于其农田降水（"绿水"）不足，需要更多灌溉"蓝水"补充，农业用水量更大。当然，降水量的减少会造成"蓝水"和"绿水"均不足，总的农业用水量（"蓝水"）也会下降。

2. 农业用水量和农业用水占比

2018 年，农业用水占总用水量 75％ 以上的有新疆

（89.5%）、黑龙江（88.6%）、宁夏（85.7%）、西藏（85.2%）、甘肃（79.4%）5 个省份，其中，新疆、黑龙江、宁夏 3 省份的比例比 2017 年略有下降。工业用水占总用水量 35% 以上的有上海（59.6%）、江苏（43.1%）、重庆（37.7%）3 个省份。生活用水占总用水量 20% 以上的有北京（46.8%）、重庆（27.8%）、浙江（27.2%）、上海（23.7%）、广东（24.3%）、天津（26.1%）6 个省份。

2018 年，全国农业用水占总用水量的 61.4%，比 2017 年降低 0.9 个百分点，仍然是最大的用水部门。其中，上海（16.0%）和北京（10.7%）都低于 25%；重庆（32.9%）、天津（35.2%）、福建（46.8%）、浙江（44.4%）、江苏（46.2%）在 25%～50% 之间。

全国分省农业用水占总用水量的百分比呈现明显的地区分异，呈现明显的从东南到西北逐渐增加的空间分布模式。东南沿海经济最发达地区的农业用水占比最低，西北内陆地区缺水省份的占比最高，其他省份则处于中段位置。这种用水格局的空间分布从一个角度表明了各省经济结构和经济发达程度。越是经济发达、工业化、城镇化程度较高的地区，不同部门间用水竞争越激烈，对农业用水的挤占效应越明显。

3. 灌溉和节水灌溉面积

2018 年，全国农田有效灌溉面积 68 271.6 千公顷，占耕地总面积的 50.62%，比 2017 年同比增加 456.1 千公顷，增长 0.67%。其中，农田有效灌溉面积占灌溉总面积的 91.59%；林地灌溉面积 2 510.0 千公顷，占灌溉总面积的 3.37%，同比增加 107.3 千公顷，增幅 4.46%；果园灌溉面积 2 645.5 千公顷，占灌溉总面积的 3.55%，同比增加 51.86 千公顷，增幅 0.83%；牧草灌溉面积的 1 114.9 千公顷，占灌溉总面积的 1.50%，同比增加 10.71 千公顷，增幅 0.97%。2018 年耕地实际灌溉面积 58 573.8 千公顷，占耕地有效灌溉面积的 85.8%。2018 年，农田灌溉占灌溉面积的比例大于 90%，是最大的灌溉部门，紧随其后的是果园、林地和牧草。其中果园灌溉仍保持在第二位。牧草灌溉连续第二年增长。

13 个粮食主产省份中，河北（92.9%）、黑龙江（99.6%）、吉林（98.5%）、辽宁（91.9%）、河南（97.8%）、江苏（93.5%）、安徽（98.1%）、江西（95.9%）、湖北（93.9%）、湖南（97.0%）、四川（92.2%）的农田灌溉占总灌溉面积的比例都在 90% 以上；山东（89.8%）、内蒙古（83.8%）都低于 90%。其中内蒙古主要是因为牧草灌溉比例较大，山东主要是果园灌溉比例较高。上述比例与 2017 年相比基本持平，为保证粮食生产，13 个粮食主产省份的灌溉主要用于农田灌溉上。

2018 年，采用节水灌溉的面积不断增长，全国节水灌溉面积达到 36 134.8 千公顷，比 2017 年同比增加 1 815.8 千公顷，增幅 5.29%。其中，喷滴灌面积 4 410.52 千公顷，同比增加 133.02 千公顷，增幅 3.11%；微灌面积 6 927.02 千公顷，同比增加 643.55 千公顷，增幅 10.24%；低压管灌面积 10 565.77 千公顷，同比增加 575.63 千公顷，增幅 5.76%。2018 年，微灌面积增长最快，低压管灌面积增长最多。2018 年，节水灌溉面积占总灌溉面积的 48.49%，同比提高将近 1 个百分点，全国近一半的灌溉面积都采用了节水灌溉技术。

13 个粮食主产省份中，内蒙古（76.67%）、河北（74.27%）、江苏（61.93%）、山东（57.82%）、四川（55.40%）、辽宁（54.94%）的节水灌溉占比都超过 50%。与 2017 年相比，河北节水灌溉比例提高了将近 4 个百分点，内蒙古提高了将近 3 个百分点，山东提高了将近 2 个百分点。吉林（41.65%）、河南（36.94%）、黑龙江（34.99%）都高于 30%；安徽（22.17%）、江西（28.11%）大于 20%；湖北（15.64%）、湖南（13.22%）最低，只略高于 10%。总体上，南方主产省份采用节水灌溉比例普遍较低，尤其是湖北、湖南和江西。近两年南方的降雨量与常年相比偏少较多，在此情况下更需要加大节水灌溉技术措施的采用。

从采用的节水灌溉方式来看，在全国节水灌溉面积中，采用低压管灌的面积占灌溉总面积的 29.24%，采用微灌的占 19.17%，采用喷灌的占 12.21%。在 6 个节水灌溉比例超过 50% 的粮食主产省份中，内蒙古 3 种节水灌溉方式由大到小的顺序是微灌、喷灌、低压管灌。辽宁主要采用微灌和低压管灌。河北的低压管灌占绝对优势。江苏、四川和山东采用的主要是低压管灌技术。江苏和四川的其他节水技术应用占优。在其他粮食主产省份中，吉林的喷灌占优，河南低压管灌占绝对优势，黑龙江是喷灌占绝对优势。安徽、江西、湖南主要是其他节水灌溉技术。湖北主要采用低压管灌和喷灌技术。

上述情况表明：节水灌溉比例较高的省份主要是缺水的北方粮食生产省份，如内蒙古、河北，还有经济发达但不缺水的省份，如江苏。在节水灌溉比例较高的省份，除了最基本的渠道衬砌外，低压管灌、喷滴灌和微灌都是主导的节水灌溉模式。2018 年节水灌溉技术的分布与 2017 年相比没有明显变化。

4. 农田灌溉量及其农业用水占比

农田亩均实际灌溉量乘以农田实际灌溉面积就得到农田的实际灌溉量。2018 年，全国农田灌溉量为 3216.7 亿米^3，占本年度农业用水量的 87.0%。农田实际灌溉量及其在农业用水量占比都略有下降。这与本年度的降水量和水资源量相对下降有关。13 个粮食主产省份中，湖南（95.4%）、黑龙江（99.9%）、安徽（94.1%）、江西（94.9%）、河北（88.6%）、内蒙古（78.2%）、湖北（86.1%）、辽宁（86.1%）、河南（88.2%）、江苏（88.9%）、山东（85.8%）、四川（84.6%）、吉林（75.3%）的农田灌溉量占农业用水的百分比都较高。13个粮食主产省份中，除内蒙古和吉林外，都达到了85%以上。这说明在13个粮食主产省份中，农业用水量的绝大部分都用于支持粮食生产。

2018年，农业仍然是最大的用水部门，总用水量3 693.1亿米^3，占总用水量的61.4%，同比下降了0.9个百分点。农田灌溉量占农业用水总量的87.0%，仍然是农业用水中最大的用水分部门。在总灌溉面积中，节水灌溉面积的比例继续提高，低压管灌、喷滴灌和微灌都是主要的节水灌溉模式。

（三）广义农业水资源

根据"蓝水"和"绿水"的概念，广义农业水资源包括耕地灌溉水量（"蓝水"）和耕地接受的天然降水量（"绿水"）两个分量。耕地有效降水量受耕地面积、降水量、径流量和渗漏量年际变化的影响。耕地灌溉水量受每年有效实际灌溉面积和亩均实际灌溉量年际变化的影响。因此，为了剔除上述因素的影响，需要将广义农业水资源量进行归一化处理，不仅要计算广义水资源量的绝对数，还要计算广义农业水资源量折合在耕地上的水深。

1. 广义农业水资源总量

2018年，全国广义农业水资源量10 540.4亿米^3，同比增加384.5亿米^3，增幅3.79%，比常年增加642.7亿米^3，偏多6.49%。广义农业水资源量折合水深1 014毫米，同比增加18毫米，增幅1.81%，比常年偏少60毫米，偏少5.58%。

在广义农业水资源中，耕地降水量7 325.9亿米^3，同比增加484.4亿米^3，增幅7.08%。耕地降水量比常年偏多780亿米^3，偏多11.90%。耕地灌溉量3 214.4亿米^3，同比减少99.9亿米^3，减幅3.01%，比常年减少136.9亿米^3，减幅 4.08％。

2018 年广义农业水资源量的组成中，耕地降水占 69.5％，耕地灌溉占 30.5％，耕地降水量与耕地灌溉量的比例，比多年平均比例（66.3％：33.7％）略高。

需要说明的是：广义农业水资源量是广义农业的可用水量，即耕地所接受的天然降水量和灌溉量之和。由于每年的耕地数量都有所波动，因此，在比较广义农业水资源的绝对数量上（即以体积衡量的数量）会有一定的偏差。另外，广义农业水资源量是一个集总式的概念，包括了旱作雨养耕地和灌溉耕地所接收的所有的水量。由于每年耕地数量以及灌溉耕地数量的变动，加上降水量和灌溉量的变化，还需要对这个概念中组成的分量进行细化，才能更真实客观地反映并比较雨养旱作耕地和灌溉耕地所接受水量的年际变化情况。因此，本报告又将雨养旱作耕地上接受的降水量，以及灌溉耕地上接受的降水量和灌溉量总和，这两个量进行进一步区分。

2018 年，全国旱作耕地上接受的降水总量为 4 144.6 亿米^3，同比增加 272.6 亿米^3，增幅 7.04％，比常年偏多 119.08 亿米^3，偏多 2.69％。全国灌溉耕地上接受的降水和灌溉引水总量为 5 938.09 亿米^3，同比增加 108.46 亿米^3，增幅 1.86％，比常年偏多 601.95 亿米^3，偏多 11.28％。从水深衡量，2018 年全国雨养旱作耕地接受了 543 毫米的天然降水，同比增加 36 毫米，增幅 7.08％，比常年偏多 37 毫米，偏多 7.40％。全国灌溉耕地上接受的降水量和灌溉水量总和折合水深 1 014 毫米，同比增加 18 毫米，增幅 1.81％，比常年偏少 64 毫米，偏少 5.94％。

2018 年，全国旱作耕地接受的水量和水深同比和常年均偏多，全国灌溉耕地上接受的降水量和灌溉水量同比和常年均偏多。无论从"绿水"还是"蓝水"衡量，2018 年，全国耕地的基础水分条件较好。

2. 耕地上广义农业水资源中"绿水"和"蓝水"比例

耕地有效降水和耕地灌溉占广义农业水资源的百分比可以反映全国耕地上"绿水"和"蓝水"的相对比例，是衡量一个地区对"绿水"和"蓝水"相对依赖程度的重要指标。2018年，全国耕地有效降水占广义农业水资源量的 68.6%，同比提高 1.2 个百分点；耕地灌溉占广义农业水资源的 31.4%，同比下降 1.2 个百分点。

2018 年，13 个粮食主产省份的耕地"绿水"比例都超过耕地"蓝水"比例。如果按照"绿水"占比降序排序，吉林（"绿水"83.1%/"蓝水"17.9%）、河南（82.4%/17.6%）、山东（81.0%/19.0%）都超过了 80%；辽宁（76.0%/24.0%）、安徽（75.6%/24.4%）、河北（73.7%/26.3%）、内蒙古（71.9%/28.1%）、湖北（71.3%/28.7%）都超过了70%；四川（69.1%/30.9%）、黑龙江（66.5%/33.5%）、江西（62.1%/37.9%）、湖南（62.1%/37.9%）、江苏（60.6%/39.4%）也都超过了 50%。

3. 灌溉耕地广义农业水资源中"绿水"和"蓝水"比例

灌溉耕地对我国粮食生产起到重要的基础作用，因此有必要考察灌溉耕地上广义农业水资源中"绿水"和"蓝水"的相对比例。

2018 年，全国灌溉耕地上的广义农业水资源中，耕地降水占 46.2%，同比提高了 3 个百分点，耕地灌溉占 53.8%，同比下降了 3 个百分点。在 13 个粮食主产省份中，内蒙古（"蓝水"60.4%/"绿水"39.6%）、黑龙江（60.1%/39.9%）、四川（57.9%/42.1%）、江西（55.4%/44.6%）、辽宁（56.5%/43.5%）、湖南（51.8%/48.2%）、吉林（50.1%/49.9%）灌溉耕地上的灌溉水量都超过了所接受的降水量。而河南（"绿水"69.4%/"蓝水"30.6%）、山东

（68.6％/31.4％）、安徽（64.1％/35.9％）、河北（59.0％/41.0％）、江苏（51.2％/48.8％）灌溉耕地上接受的降水量都超过了灌溉水量。

耕地上所接受的"蓝水"和"绿水"的相对占比反映了一个区域的气候类型、灌溉耕地占比、灌溉作物种植结构，以及灌溉节水措施的效果。值得注意的是：在一直以来被认为是灌溉广度和强度都很大的河北省，灌溉耕地上的耕地灌溉水量占比却低于其他主产省份，这主要是河北省的冬小麦—夏玉米轮作制度中，全年 70％以上的降水都发生在夏玉米生长季。具有类似气候和农作制度的河南与山东也是如此。黑龙江和辽宁灌溉主要集中在水稻上，吉林灌溉集中于极为干旱的耕地或抗旱保产的耕地上，所以灌溉占比较高。南方各主产省份是由于水稻的灌溉量大造成灌溉比例较高。但是位于南北交界处的安徽，由于作物中小麦和玉米还占有一定比例，所以，灌溉耕地接受的"蓝水"量少于"绿水"量。

综上，全国耕地上总的"蓝水"和"绿水"比例与灌溉耕地上的该比例是略有不同的，这取决于当地的灌溉耕地占总耕地面积的比例。灌溉比例越是高的省份，两个比例越相似。如新疆耕地上"绿水"："蓝水"为 16.3：83.7，而其灌溉耕地两者比例为 11.9：88.1。

4. 灌溉耕地和旱作雨养耕地上接受的广义农业水资源

2018 年，全国实际灌溉耕地面积上接受的灌溉"蓝水"和降水"绿水"的总量 5 938.09 亿米³，同比增加 108.46 亿米³，增幅 1.86％，比常年增加 436.83 亿米³，增幅 7.94％。全国旱作雨养耕地上接受的降水"绿水"4144.56 亿米³，同比增加 272.56 亿米³，增幅 7.04％，比常年增加 200.57 亿米³，增幅 5.09％。

（四）广义农业水土资源匹配

水土资源的匹配程度是衡量一个区域耕地面积及其可用的水资源之间的关系，也可以说是该地区所能承载耕地数量的指标。传统上用该地区的水资源量（"蓝水"）除以该区的耕地面积得到"水土资源匹配程度"。但从"蓝水"和"绿水"的角度看，该区耕地可用的广义农业水资源应该是区域"绿水"和"蓝水"总量所能承载耕地数量的指标。因此，本报告除了计算传统"蓝水"观点的"水土资源匹配"外，还计算了综合"蓝水"和"绿水"的"广义农业水土资源匹配"。

1. 传统水土资源匹配

如果用传统的水土资源匹配方法，即耕地面积除以水资源量，位于北方缺水流域的粮食主产省份均严重失衡，而位于南方丰水流域的主产省份水土资源匹配程度较高（图1-1）。2018年河北用占全国0.60%的水资源支撑了占全国4.83%的耕地（表1-1），水土比只有0.12（水土比＝水资源占比/耕地占比）。类似地，山东用占全国1.25%的水资源支撑了占全国5.63%的耕地，水土比0.22；江苏（0.41）、吉林（0.34）、河南（0.21）、黑龙江（0.31）、辽宁（0.23）、内蒙古（0.24）、安徽（0.70）、湖北（0.80）都低于1.0；四川（2.16）、湖南（1.59）、江西（1.83）都大于1.0。从传统水资源匹配程度看，13个主产省份中只有四川、湖南、江西3省的水资源占比是大于土地资源占比的，东北和华北的主产省份都小于0.5，在0.1～0.3之间。南方的江苏、安徽、湖北都小于1.0，但都大于0.40。

2. 广义农业水土资源匹配

从广义农业水土资源匹配的视角看，计算每单位耕地上的广义农业水资源量，更能够体现各地区农业水土资源匹配的禀赋状况。

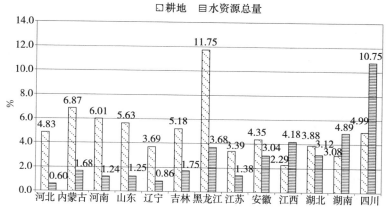

图 1-1　2018 年粮食主产省份水土资源匹配程度
（耕地占全国百分比和水资源总量占全国百分比）

　　在考虑耕地降落的"绿水"的因素后，粮食主产省份的水土资源匹配状况发生了明显的变化（图 1-2）。2018 年，河北用占全国 3.88％的广义农业水资源支撑了占全国 4.83％的耕地，广义水土比（广义水土比＝广义农业水资源占比/耕地占比）

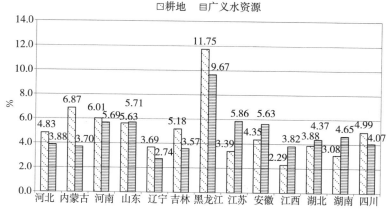

图 1-2　2018 年全国分省广义农业水土资源匹配程度
（耕地占全国百分比和广义农业水资源量占全国百分比）

表 1-1 2018 年全国分省耕地广义农业水土资源匹配

项目	耕地面积（千公顷）	耕地比例（%）	水资源总量（亿米³）	水资源总量比例（%）	耕地灌溉水资源（亿米³）	耕地灌溉水资源比例（%）	广义农业水资源（亿米³）	广义农业水资源比例（%）
全国	134 881.3	100	27 462.5	100	3 214.4	100	10 540.4	100
北京	213.7	0.16	35.5	0.13	1.9	0.06	12.7	0.12
天津	436.8	0.32	17.6	0.06	8.7	0.27	29.7	0.28
河北	6 518.9	4.83	164.1	0.60	107.3	3.34	408.6	3.88
山西	4 056.3	3.01	121.9	0.44	40.6	1.26	231.6	2.20
内蒙古	9 270.8	6.87	461.5	1.68	109.6	3.41	389.7	3.70
河南	8 112.3	6.01	339.8	1.24	105.7	3.29	599.7	5.69
山东	7 589.8	5.63	343.3	1.25	114.5	3.56	602.0	5.71
辽宁	4 971.6	3.69	235.4	0.86	69.2	2.15	289.1	2.74
吉林	6 986.7	5.18	481.2	1.75	63.5	1.98	376.2	3.57
黑龙江	15 845.7	11.75	1 011.4	3.68	309.0	9.61	1 019.1	9.67
上海	191.6	0.14	38.7	0.14	14.8	0.46	29.4	0.28
江苏	4 573.3	3.39	378.4	1.38	242.9	7.56	617.2	5.86
浙江	1 977.0	1.47	866.2	3.15	66.9	2.08	229.3	2.18
安徽	5 866.8	4.35	835.8	3.04	144.9	4.51	593.7	5.63
福建	1 336.9	0.99	778.5	2.83	77.3	2.40	202.8	1.92

（续）

项目	耕地面积（千公顷）	耕地比例（%）	水资源总量（亿米³）	水资源总量比例（%）	耕地灌溉水资源（亿米³）	耕地灌溉水资源比例（%）	广义农业水资源（亿米³）	广义农业水资源比例（%）
江西	3 086.0	2.29	1 149.1	4.18	152.5	4.74	402.7	3.82
湖北	5 235.9	3.88	857	3.12	132.3	4.12	461.1	4.37
湖南	4 151.0	3.08	1 342.9	4.89	185.5	5.77	489.6	4.65
广东	2 599.7	1.93	1895.1	6.90	183.5	5.71	386.7	3.67
海南	722.4	0.54	418.1	1.52	31.6	0.98	95.3	0.90
重庆	2 369.8	1.76	524.2	1.91	20.9	0.65	139.1	1.32
四川	6 725.2	4.99	2 952.6	10.75	132.4	4.12	428.8	4.07
贵州	4 518.8	3.35	978.7	3.56	55.6	1.73	330.0	3.13
云南	6 213.3	4.61	2 206.5	8.03	89.3	2.78	562.6	5.34
西藏	444.0	0.33	4 658.2	16.96	20.8	0.65	31.0	0.29
广西	4 387.5	3.25	1 831	6.67	176.7	5.50	522.0	4.95
陕西	3 982.9	2.95	371.4	1.35	47.2	1.47	259.8	2.47
甘肃	5 377.0	3.99	333.3	1.21	80.9	2.52	236.8	2.25
青海	590.1	0.44	961.9	3.50	13.8	0.43	29.8	0.28
宁夏	1 289.9	0.96	14.7	0.05	48.7	1.51	96.6	0.92
新疆	5 239.6	3.88	858.8	3.13	366.1	11.39	437.5	4.15

达到了 0.80，远远高于传统水土比的 0.12。类似地，山东广义水土比达到 1.02，显著高于传统水土比 0.22。在其他传统水土比数值较低的省份，广义水土比也有大幅度提升，如河南（广义水土比 0.95，传统水土比 0.21）、辽宁（0.74，0.23）、吉林（0.69，0.34）、黑龙江（0.82，0.31）、内蒙古（0.54，0.24）基本上都超过 0.5 甚至 1。其他主产省份，江苏（1.73，0.41）、安徽（1.29，0.70）、湖北（1.13，0.80）都有上升，而四川（2.16，0.82）、湖南（1.59，1.51）、江西（1.83，1.67）都有下降。

考虑耕地降水"绿水"因素的广义农业水土比，说明了在一些缺水的粮食主产省份，真正支撑其粮食生产的广义农业水资源禀赋，同时，也修正了丰水主产省份的实际水土比。

二、农作物生产与耗水

（一）农作物生产概况

2018 年，全国农作物总播种面积 165 902.38 千公顷，比 2017 年同比减少 429.53 千公顷，减幅 0.26％。连续第二年减少。粮食作物播种 117 038.21 千公顷，同比减少 950.85 千公顷，减幅 0.81％。粮食作物中，谷物播种面积 99 671.44 千公顷，同比减少 1 093.12 千公顷，减幅 1.08％。也是连续第二年减少。水稻播种面积 30 189.45 千公顷，同比减少 557.74 千公顷，减幅 1.81％；小麦播种面积 24 266.19 千公顷，同比减少 211.96 千公顷，减幅 0.87％；玉米播种面积 42 130.05 千公顷，同比减少 268.95 千公顷，减幅 0.63％。油料播种面积 12 872.43 千公顷，同比减少 350.73 千公顷，减幅 2.65％。

棉花播种面积 3 354.41 千公顷，同比增加 159.68 千公顷，增幅 5.0%。糖料播种面积 1 622.94 千公顷，同比增加 77.29 千公顷，增幅 5.0%。蔬菜播种面积 20 438.94 千公顷，同比增加 457.87 千公顷，增幅 2.29%。

从作物种植结构上看，粮食作物播种面积占总播种面积的百分比 70.55%，同比减少 0.39 个百分点。谷物占总播种面积 60.08%，同比减少 0.5 个百分点。水稻占比 18.20%，同比减少 0.29 个百分点，小麦占比 14.63%，同比减少 0.1 个百分点，玉米占比 25.39%，同比减少 0.1 个百分点。油料作物占比 7.76%，同比减少 0.19 个百分比。棉花占比 2.02%，同比提高 0.1 个百分点。糖料作物占比 0.98%，同比提高 0.05 个百分点。蔬菜占比 13.60%，同比提高 0.32 个百分点。

综上，无论是面积还是占比，粮食作物均比 2017 年减少，棉花、油料、糖料、蔬菜均比 2017 年增加。

2018 年，全国粮食总产 65 789.22 万吨，同比减少 371.5 万吨，减幅 0.56%。其中，谷物总产 61 003.58 万吨，同比减少 516.96 万吨，减幅 0.84%。水稻产量 21 212.9 万吨，同比减少 54.69 万吨，减幅 0.26%；小麦总产 13 144.05 万吨，同比减少 280.08 万吨，减幅 2.09%；玉米总产 25 717.39 万吨，同比减产 189.68 万吨，减幅 0.73%。豆类总产 1 920.27 万吨，同比增产 78.71 万吨，增幅 4.27%。薯类总产 2 865.37 万吨，同比增产 66.75 万吨，增幅 2.39%。

2018 年，棉花总产 610.28 万吨，同比增产 45.03 万吨，增幅 7.97%。油料总产 3433.39 万吨，同比减产 41.85 万吨，减幅 1.20%。糖料产量中，甘蔗总产 10 809.71 万吨，同比增产 369.28 万吨，增幅 3.54%；甜菜总产 1 127.66 万吨，同比增产 189.25 万吨，增幅 20.17%。蔬菜总产 70 346.72 万吨，同比增产 1 154.04 万吨，增幅 1.67%。

2018 年，13 个粮食主产省份的粮食总产占全国粮食总产78.1%。13 个粮食主产省份生产了全国 80.1% 的谷物，77.2% 的水稻，86.2% 的小麦，79.9% 的玉米，79.9% 的豆类和 49.7% 的薯类。2018 年，全国棉花产量主要集中于新疆、河北、山东、湖北和湖南，它们生产了全国 95.1% 的棉花。2018 年，全国油料产量主要集中于河南、四川、山东、湖北、内蒙古、湖南、辽宁、河北、吉林、辽宁、江西、贵州、江苏、甘肃、新疆，它们出产了全国 85.8% 的油料。在糖料作物中，甘蔗产量主要集中于广东、广西、云南，其产量占全国的 95.7%。甜菜产量主要由内蒙古和新疆出产，占全国产量的 83.4%。蔬菜在我国各省份广泛分布，从产量占全国总产来看，蔬菜主产省是：山东（11.76%）、河南（10.88%）、江苏（8.01%）、河北（7.31%）、四川（6.15%）、湖北（5.53%）、湖南（5.31%）、广西（4.74%）、广东（4.59%）、贵州（3.28%）、云南（3.00%）、安徽（2.92%）、浙江（2.76%）、重庆（2.69%）、新疆（2.63%）、辽宁（2.60%）、陕西（2.51%）。2018 年，上述省份的蔬菜占全国总产 86.9% 以上。

综上，2018 年，全国粮食总产同比略有下降，但在品种结构上发生了一些变化。谷物的种植结构中，面积上，水稻、小麦和玉米都有小幅下降；产量上，水稻、小麦和玉米均有小幅下降。虽然豆类和薯类的产量有所增加，但也没有改变粮食产量整体上的下降。

（二）农作物耗水量

植物叶片表面的气孔在吸收 CO_2 的同时散发出水汽（蒸腾），植物同化二氧化碳，从而形成生物量和经济产量。作物生产过程中，不仅有植物的蒸腾，还有土面的蒸发，蒸发加蒸腾称之为蒸散量，这部分水分由于作物产量（生物量）的形成而不可恢复地消耗，所以是作物生产中的耗水。一般来说，作物的产量与蒸散耗水量之间存在总体上的正相关，但是，由于作物种类、品种、管理、节水措施、种植结构的不同，作物产量与耗水量之间并不一定严格遵循正相关的普遍规律。

1. 农作物总耗水量

2018 年，全国农作物总耗水量 7 148.95 亿米^3，同比减少 86.41 亿米^3，减幅 1.19%。其中，来源于灌溉的耗水量 1 836.36 亿米^3，同比减少 73.77 亿米^3，减幅 3.86%；来源于降水的耗水量 5 312.59 亿米^3，同比减少 12.64 亿米^3，减幅 0.24%。

2. 粮食作物耗水量

2018 年，粮食作物总耗水量 5 347.91 亿米^3，同比减少 65.79 亿米^3，减幅 1.22%。其中，来源于灌溉的耗水量 1 333.65 亿米^3，同比减少 46.72 亿米^3，减幅 3.38%；来源于降水的耗水量 4 014.26 亿米^3，同比减少 19.07 亿米^3，降幅 0.47%。2018 年粮食总产比 2017 年减少 0.18%，但耗水量比 2017 年减少 1.22%。耗水减少幅度大于产量减少幅度，一方面有种植结构变化的原因，另一方面也有水分生产力提高、吨粮耗水减少的贡献。

粮食作物中，水稻、小麦、玉米是重要的口粮，大豆是植物蛋白的主要来源，其中，水稻、小麦、大豆属于 C$_3$ 作物，玉米属于水分生产力较高的 C$_4$ 作物，这四大粮食作物的耗水量对粮食的耗水量影响很大。

2018 年，四大粮食作物的总产 61 616.9 万吨，同比减少 539.3 万吨，降幅 0.87%。水稻、小麦、玉米、大豆总耗水量 4 756.6 亿米^3，同比减少 64.6 亿米^3，降幅 1.34%。

2018 年，水稻总产 21 212.9 万吨，同比减少 54.69 万吨，减幅 0.26%。水稻耗水量 2 246.8 亿米^3，同比减少 31.0 亿米^3，减幅 1.36%。小麦总产 13 144.05 万吨，同比增加

280.08 万吨，减幅 2.09%，小麦耗水量 891.3 亿米³，同比减少 22.4 亿米³，减幅 2.46%。玉米总产 25 717.39 万吨，同比减少 189.68 万吨，减幅 0.73%，玉米耗水量 1 381.1 亿米³，同比减少 13.2 亿米³，减幅 0.95%。大豆总产 1 676.7 万吨，同比增加 51.5 万吨，增幅 3.17%，大豆耗水量 237.5 亿米³，同比增加 2.0 亿米³，增幅 0.85%。总体上，四大粮食作物耗水量的增长幅度小于其产量增幅。

2018 年，水稻总产占四大粮食作物总产的 34.4%，而其耗水量占四大粮食作物总耗水量的 47.2%。水稻是耗水量最多的粮食作物。小麦在四大粮食作物中占比 18.7%，耗水量占比 21.3%。玉米总产占比 41.7%，耗水量占比仅 29.0%。大产量占比 2.7%，耗水量占比 5.0%（表 2-1）。

表 2-1　2018 年全国主要粮食作物耗水量耗水
比例产量和产量比例

四大作物	水稻	小麦	玉米	大豆
耗水量（亿米³）	2 246.8	891.3	1 381.1	237.5
耗水比例（%）	47.2	18.7	29.0	5.0
产量（万吨）	21 212.9	13 144.05	25 717.39	1 676.7
产量比例（%）	34.4	21.3	41.7	2.7

玉米是 C_4 作物，水分生产力较高。小麦是 C_3 作物，但是由于节水品种以及农艺和工程节水措施的实施，水分生产力不断提高，耗水占比略小于产量占比。水稻由于其淹水种植的生理特征，耗水占比远远大于产量占比。大豆产量占比虽小，但其耗水占比几乎是其产量占比的两倍。大豆是 C_3 作物，是高耗水作物，但 2018 年大豆耗水量同比增幅远远小于其总产增幅，说明随着综合管理和节水措施的而加强，大豆水分利用效率在大幅度提升。

2018 年，四大粮食作物耗水量占粮食作物总耗水量的比例为 89.1%。2018 年，全国 13 个粮食主产省份的粮食耗水量 3 706.25 亿米^3，同比减少 211.23 亿米^3，减幅 5.39%。主产省份粮食耗水量占全国粮食总耗水量的 68.5%。2018 年，粮食耗水量占作物总耗水量的 74.85%，是种植业第一大耗水户。

3. 蔬菜耗水量

2018 年，全国蔬菜总产 70 346.74 万吨（以鲜菜计算，下同），同比增产 1 154.06 万吨，增幅 1.67%。蔬菜总耗水量 922.31 亿米^3，同比增加 15.26 亿米^3，增幅 1.68%，蔬菜耗水增加幅度基本与产量增加幅度一致。其中，灌溉耗水量 233.84 亿米^3，同比减少 3.98 亿米^3，减幅 1.67%；降水耗水量 688.47 亿米^3，同比增加 19.24 亿米^3，增幅 2.87%。灌溉耗水在蔬菜总耗水量中的占比 25.4%，降水占 74.6%。2018 年，蔬菜耗水占作物总耗水量的 12.85%，是种植业第二大耗水户。17 个蔬菜主产省份的总产占全国的 84.16%，其蔬菜耗水量占全国蔬菜耗水总量的 73.42%。

蔬菜产量，从绝对值看，已经超过了粮食总产量。但是，由于蔬菜种类繁多、品种庞杂、含水量大、含水差异大，蔬菜总产量的绝对值在某种程度上不能与粮食总产进行类比。但是蔬菜已经成为紧随粮食作物之后的第二大种植业耗水户，今后需要引起特别关注。

4. 棉花耗水量

2018 年，全国棉花产量 610.28 万吨（皮棉，下同），同比增产 45.03 万吨，增幅 7.97%。棉花耗水总量 205.36 亿米^3，同比减少 5.49 亿米^3，减幅 2.60%。其中，棉花灌溉耗水量 112.12 亿米^3，同比减少 5.46 亿米^3，降幅 4.65%；降水耗水量 93.24 亿米^3，同比减少 0.03 亿米^3，减幅 0.03%。

2018 年全国棉花主要集中于新疆，其产量占全国总产的 80.77%。其他棉花主产省份还有：河北（4.25%）、山东

（3.66%）、湖北（3.26%）、湖南（1.95%）、江西（1.857%）、安徽（1.521%）。这 7 个省份的棉花主产省份产出了全国 97.25% 的棉花，其棉花耗水总量 201.67 亿米³，占棉花全国总耗水量的 98.21%。2018 年，棉花耗水占作物总耗水量的 2.83%。

5. 油料耗水量

2018 年，全国油料作物（包括花生、油菜籽、芝麻、葵花子、胡麻籽）总产量 3 433.39 万吨，同比减产 41.85 万吨，减幅 1.20%。油料作物耗水总量 601.87 亿米³，同比减少 21.62 亿米³，减幅 3.47%。其中，灌溉耗水量 139.21 亿米³，同比减少 8.95 亿米³，减幅 6.04%；降水耗水量 462.66 亿米³，同比减少 12.67 亿米³，增幅 2.67%。

油料作物在我国分布广泛，各省份都有种植。2018 年，全国油料作物生产主要集中于河南（产量占全国总产 16.88%）、四川（10.30%）、山东（9.16%）、湖北（8.85%）、内蒙古（6.93%）、湖南（6.51%）、安徽（4.45%）、河北（3.72%）、吉林（3.70%）、江西（3.47%）、贵州（3.32%）、广东（2.92%）。这 12 个省份产出了全国 80.21% 的油料，而其耗水总量占全国油料耗水总量的 72.93%。2018 年，油料耗水量占作物总耗水量的 8.39%，是种植业第三大耗水户。

6. 糖料耗水量

2018 年，全国糖料作物产量中，甘蔗总产 10 809.71 万吨，同比增产 369.28 万吨，增幅 3.54%；甜菜总产 1127.66 万吨，同比增产 189.25 万吨，增幅 20.17%。糖料作物总耗水量 95.23 亿米³，同比增加 3.76 亿米³，增幅 4.11%。其中灌溉耗水量 25.73 亿米³，同比增加 0.02 亿米³，增幅 0.08%；降水耗水量 68.50 亿米³，同比增加 2.74 亿米³，增幅 4.16%。

2018 年，甘蔗生产主要集中于广西（产量占全国总产

68.31％)、云南（14.52％)、广东（12.87％)3 省份，它们的甘蔗产量之和占全国 95.7％。甜菜生产主要是新疆（产量占全国总产 47.77％)和内蒙古（36.69％)，2 个自治区的甜菜总产占全国总产 84.46％。5 个主产省份的糖料耗水量占全国糖料耗水量的 91.9％。2018 年，糖料作物耗水量占作物总耗水量的 1.33％。

（三）农作物耗水结构——灌溉和降水贡献率

降水贡献率，是指在流域或区域范围内，农业生产（种植、畜牧、水产）中消耗的总蒸散量中来源于"绿水"的部分与总蒸散量之比。灌溉贡献率，是指在流域或区域范围内，农业生产（种植、畜牧、水产）中消耗的总蒸散量中来源于"蓝水"的部分与总蒸散量之比。

本报告计算了全国作物生产中"绿水"和"蓝水"的贡献率。结果显示，全国作物生产中，灌溉贡献率 25.72％，降水贡献率 74.28％。粮食作物灌溉贡献率 24.94％，降水贡献率 75.06％。蔬菜灌溉贡献率 25.35％，降水贡献率 74.65％。棉花灌溉贡献率 56.4％，降水贡献率 46.4％。油料作物灌溉贡献率 23.13％，降水贡献率 76.87％。糖料作物灌溉贡献率 28.11％，降水贡献率 71.89％。

全国分省粮食生产中"蓝水"和"绿水"贡献率的计算结果显示：大部分省份的"绿水"贡献率都超过了 50％，只有 2 个直辖市（自治区）的"蓝水"贡献率超出"绿水"贡献率：上海（"蓝水"："绿水"＝62.8％：37.2％)、新疆（58.91％：41.09％)。灌溉贡献率较高的还有：宁夏（43.64％：56.36％)、广东（40.47％：59.53％)、江苏（40.44％：59.56％)。13 个粮食主产省份中，粮食生产中的"绿水"贡献率普遍都超过"蓝水"贡献率。

三、农作物的用水效率和效益

（一）用水效率——灌溉水有效利用系数

灌溉水有效利用系数，是指流域或区域范围内，到达农田的灌溉水量与灌溉取水点的水量之比。它是衡量灌溉系统输水效率的指标。

2018 年，全国灌溉水有效利用系数为 0.554。华北、东北、西北各省份灌溉水利用系数不是超过了全国水平就是与全国水平接近。北京 0.742、天津 0.708、河北 0.673、山西 0.543、内蒙古 0.543、河南 0.611、山东 0.641、辽宁 0.590、吉林 0.588、黑龙江 0.607、陕西 0.572、甘肃 0.560、青海 0.499、宁夏 0.535、新疆 0.553。

东南各省份的灌溉水利用系数也基本在全国水平上下浮动，上海 0.737、江苏 0.612、浙江 0.597、安徽 0.538、福建 0.547、江西 0.509、湖北 0.516、湖南 0.525、广东 0.501、海南 0.567。西南各省份的灌溉水利用系数均低于全国平均水平，四川 0.473、重庆 0.495、贵州 0.472、云南 0.476、西藏 0.439、广西 0.494。

总体上，粮食主产省份和干旱地区的灌溉水利用系数相对较高。西南省份灌溉水利用系数均低于全国平均水平。

（二）用水效益——物质水分生产力

作物用水效益有物质效益和经济效益两大类。本报告中指物质效益，即立方米耗水产出的作物产量。本报告涵盖的作物大类有：粮食作物、油料作物、糖料作物、纤维作物、蔬菜作物。其中粮食作物包括：谷物（水稻、玉米、小麦、其他谷物）、薯类、豆类（大豆和其他豆类）作物。油料作物主要包括：花生、油菜籽、芝麻、葵花籽、胡麻籽等。纤维作物主要包括：棉花、各种麻类作物（黄红麻、亚麻、苎麻）。糖料作物包括：甘蔗和甜菜。蔬菜作物主要涵盖：叶菜类、果菜类、根茎类蔬菜。为了报告的实用性和适用性，本报告只报道作物大类的水分生产力。其中粮食作物中，水稻、玉米、小麦和大豆的水分生产力要单独进行报道。由于近年来蔬菜产量持续增长，其总产量已经超过粮食作物，因此，在报告顺序上将蔬菜作物置于仅次于粮食作物的位置。

由于不用作物水分利用效率相差较大，本报告将按照作物大类报告水分生产力。

1. 粮食综合水分生产力

2018年，全国粮食作物综合水分生产力为1.230千克/米^3，相当于吨粮耗水813米^3，水分生产力同比提高0.008千克/米^3，增幅0.66%。

2018年，13个粮食主产省份的水分生产力情况如下。东北区黑龙江，粮食综合水分生产力0.935千克/米^3（吨粮耗水1 069米^3），同比提高0.002千克/米^3，增幅0.26%；吉林1.254千克/米^3（吨粮耗水797米^3），同比降低0.187千克/米^3，降幅12.97%；辽宁1.378千克/米^3（吨粮耗水725米^3），同比下降0.067千克/米^3，降幅4.61%。华北区河北粮食综合水分生产力1.587千克/米^3（吨粮耗水630米^3），同比降低0.030千克/米^3，降幅1.86%；内蒙古1.202千克/米^3（吨粮耗水832米^3），同比提高0.099千克/米^3，增幅8.96%；河南1.961千克/米^3（吨粮耗水510米^3），同比提高0.070千克/米^3，增幅2.76%；山东1.574千克/米^3（吨粮耗水635米^3），同比降低0.009千克/米^3，降幅0.43%。东南区江苏粮食综合水分生产力 1.313 千克/米³（吨粮耗水 762 米³），同比增加 0.032 千克/米³，增幅 2.47％；安徽 1.638 千克/米³（吨粮耗水 610 米³），同比增加 0.004 千克/米³，增幅 0.22％；江西 1.261 千克/米³（吨粮耗水 793 米³），同比降低 0.025 千克/米³，降幅 1.97％；湖北 1.270 千克/米³（吨粮耗水 787 米³），同比降低 0.006 千克/米³，降幅 0.49％；湖南 1.586 千克/米³（吨粮耗水 631 米³），同比提高 0.008 千克/米³，增幅 0.51％。西南区四川粮食综合水分生产力 1.183 千克/米³（吨粮耗水 846 米³），同比提高 0.023 千克/米³，增幅 2.01％。

总体上，13 个粮食主产省份的水分生产力，除了黑龙江、内蒙古、四川 3 省份，其他 10 省份都高于全国平均水平。

2. 水稻水分生产力

2018 年，全国水稻水分生产力为 0.944 千克/米³，吨粮耗水量 1 059 米³，同比提高 0.01 千克/米³，增幅 1.12％。

13 个粮食主产省份中的南方水稻主产区，江苏水稻水分生产力 1.158 千克/米³，同比降低 1.79％，吨粮耗水 863 米³；安徽 1.266 千克/米³，同比提高 4.70％，吨粮耗水 790 米³；江西 1.275 千克/米³，同比降低 2.02％，吨粮耗水 768 米³；湖北 1.327 千克/米³，同比提高 1.34％，吨粮耗水 754 米³；湖南 1.567 千克/米³，同比提高 0.10％，吨粮耗水 638 米³；四川 1.149 千克/米³，同比提高 1.98％，吨粮耗水 871 米³。除南方 6 省份，东北也是优质水稻主要产区，尤其是黑龙江水稻面积，近几年由于市场需求增加，播种面积和产量不断增加。东三省中，辽宁水稻水分生产力 0.792 千克/米³，同比提高 0.77％，吨粮耗水 1 263 米³；吉林 0.674 千克/米³，同比降低 7.34％，吨粮耗水 1 484 米³；黑龙江 0.662 千克/米³，同比降低 2.92％，吨粮耗水 1 511 米³。

2018 年，南方 6 省份的水稻水分生产力均高于全国平均水平，吨粮耗水均小于 1 000 米³，但与 2017 年相比，水分生产力都有升有降。东北区水稻水分生产力均低于全国平均水平，吨粮耗水在 1 200～1 400 米³ 之间。

3. 小麦水分生产力

2018 年，全国小麦水分生产力为 1.447 千克/米³，同比下降 0.043 千克/米³，降幅 0.31%，吨粮耗水 678 米³。

13 个粮食主产省份中，河北、河南和山东都是重要的小麦产区。河北小麦水分生产力 1.447 千克/米³，同比降低 2.92%，吨粮耗水 691 米³；河南 1.538 千克/米³，同比降低 2.30%，吨粮耗水 650 米³；山东 1.776 千克/米³，同比降低 2.15%，吨粮耗水 563 米³。其他小麦播种比例较大的主产省份的小麦水分生产力：江苏 1.722 千克/米³，同比降低 6.17%，吨粮耗水 581 米³；安徽 1.948 千克/米³，同比降低 4.06%，吨粮耗水 513 米³；湖北 1.469 千克/米³，同比提高 6.45%，吨粮耗水 681 米³；四川 1.433 千克/米³，同比提高 2.64%，吨粮耗水 698 米³。

2018 年，除了北方小麦主产省份的水分生产力较高外，南方的江苏和安徽，甚至还要高于北方各主产省份，并且南方的湖北、四川的水分生产力水平也较高。

4. 玉米水分生产力

2018 年，全国玉米水分生产力为 1.862 千克/米³，同比提高 0.004 千克/米³，增幅 0.22%，吨粮耗水 537 米³。

2018 年，东北区辽宁玉米水分生产力 1.612 千克/米³，同比降低 7.01%，吨粮耗水 620 米³；吉林 1.850 千克/米³，同比降低 15.24%，吨粮耗水 541 米³；黑龙江 1.672 千克/米³，同比降低 2.56%，吨粮耗水 598 米³。华北区内蒙古玉米水分生产力 1.812 千克/米³，同比提高 7.46%，吨粮耗水 552 米³；河北 1.598 千克/米³，同比降低 1.68%，吨粮耗水 626 米³；河南 2.400 千克/米³，同比提高 11.57%，吨粮耗水 417

米³。山东 2.422 千克/米³，同比提高 10.15％，吨粮耗水 413 米³。东南区江苏 1.626 千克/米³，同比降低 0.68％，吨粮耗水 615 米³；安徽 1.971 千克/米³，同比降低 0.40％，吨粮耗水 507 米³。

2018 年，华北河南、山东玉米水分生产力处于全国最高水平，安徽玉米水分生产力在南方各主产省份中最高。

5. 大豆水分生产力

2018 年，全国大豆水分生产力为 0.706 千克/米³，同比提高 0.016 千克/米³，增幅 2.29％，吨粮耗水 1 416 米³。

东北区黑龙江大豆水分生产力 0.503 千克/米³，同比降低 2.46％，吨粮耗水 1 988 米³；吉林 0.506 千克/米³，同比降低 12.97％，吨粮耗水 1 720 米³；辽宁 0.663 千克/米³，同比降低 4.96％，吨粮耗水 1 509 米³。华北区内蒙古大豆水分生产力 0.405 千克/米³，同比降低 0.21％，吨粮耗水 2 470 米³；河北 0.793 千克/米³，同比提高 0.41％，吨粮耗水 1 262 米³。东南区江苏大豆水分生产力 0.672 千克/米³，同比提高 32.32％，吨粮耗水 1 489 米³；安徽 0.581 千克/米³，同比降低 0.78％，吨粮耗水 1 720 米³；江西 1.047 千克/米³，同比降低 2.18％，吨粮耗水 955 米³；湖北 0.508 千克/米³，同比降低 3.36％，吨粮耗水 1 969 米³；湖南 1.183 千克/米³，同比提高 3.75％，吨粮耗水 845 米³。西南区四川大豆水分生产力 0.693 千克/米³，同比提高 2.92％，吨粮耗水 1 442 米³。

2018 年，山东、河南、江西、湖南大豆水分生产力较高，吨粮耗水都小于 1 000 米³。

6. 蔬菜综合水分生产力

2018 年，全国蔬菜综合水分生产力为 7.627 千克/米³（以鲜菜计算，下同），吨菜耗水 131 米³，同比降低 0.001 千克/米³，降幅 0.01％。

17 个蔬菜主产省份蔬菜综合水分生产力如下。河北 18.346 千克/米³，同比降低 3.43%，吨菜耗水 55 米³；河南 19.854 千克/米³，同比降低 5.72%，吨菜耗水 53 米³；山东 20.542 千克/米³，吨菜耗水 49 米³，同比提高 3.25%；辽宁 12.945 千克/米³，同比提高 3.37%，吨菜耗水 77 米³；江苏 7.754 千克/米³，同比提高 0.45%，吨菜耗水 129 米³；安徽 9.716 千克/米³，同比提高 1.49%，吨菜耗水 103 米³；浙江 3.715 千克/米³，同比提高 0.75%，吨菜耗水 269 米³；湖北 7.231 千克/米³，同比提高 1.49%，吨菜耗水 138 米³；湖南 7.525 千克/米³，同比提高 1.94%，吨菜耗水 133 米³；四川 6.875 千克/米³，同比提高 2.40%，吨菜耗水 145 米³；重庆 5.779 千克/米³，同比提高 2.47%，吨菜耗水 173 米³；贵州 3.550 千克/米³，同比降低 0.25%，吨菜耗水 282 米³；云南 3.282 千克/米³，同比提高 3.30% 吨菜耗水 305 米³；广东 4.412 千克/米³，同比提高 2.38%，吨菜耗水 227 米³；广西 4.032 千克/米³，同比提高 1.46%，吨菜耗水 248 米³；陕西 8.911 千克/米³，同比提高 2.33%，吨菜耗水 112 米³；新疆 7.505 千克/米³，吨菜耗水 133 米³，同比降低 1.73%。

2018 年，位于蔬菜水分生产力第一梯队的是华北各蔬菜主产省份，苏、皖、两湖、川渝、陕新处于第二梯队，云、贵、两广最低。

7. 棉花水分生产力

2018 年，全国棉花总产量 604.68 万吨（皮棉），棉花耗水量 205.36 亿米³，水分生产力 0.294 千克/米³，同比提高 0.03 千克/米³，增幅 9.82%，吨棉耗水 3 396 米³。

2018 年，全国棉花主产省份是：新疆产棉占全国总产 80.77%，河北 4.25%，山东 3.66%，湖北 3.26%，湖南 1.95%，江西 1.86%，安徽 1.52%，它们生产了全国 97.26% 的棉花。

2018 年，新疆棉花水分生产力 0.287 千克/米^3，同比提高 9.98%，吨棉耗水 3 484 米^3；河北 0.319 千克/米^3，同比提高 4.24%，吨棉耗水 3 137 米^3；山东 0.539 千克/米^3，同比提高 0.09%，吨棉耗水 1 855 米^3；湖北 0.203 千克/米^3，同比提高 3.96%，吨棉耗水 4 919 米^3；湖南 0.334 千克/米^3，同比提高 13.69%，吨棉耗水 2 994 米^3；江西 0.480 千克/米^3，同比提高 43.9%，吨棉耗水 2 083 米^3；安徽 0.291 公斤/米^3，同比降低 5.90%，吨棉耗水 3 440 米^3。棉花是典型的高耗水作物，山东棉花水分生产力最高，超过了 0.50 千克/米^3，其他棉花主产省份都在 0.2～0.4 千克/米^3 之间。

8. 油料综合水分生产力

2018 年，全国油料作物总产 3 436.07 万吨，总耗水量 601.87 亿米^3，综合水分生产力 0.571 千克/米^3，同比提高 2.36%，吨油耗水 1 752 米^3。

13 个油料主产省份水分生产力如下。河南油料水分生产力 1.851 千克/米^3，同比提高 3.58%，吨油耗水 540 米^3。河南的油料作物主要是花生和芝麻，产量分别占全国总产的 39.00% 和 38.53%。四川 0.516 千克/米^3，同比提高 1.91%，吨油耗水 1 939 米^3。四川主要出产油菜籽，占全国总产 21.70%。山东 1.449 千克/米^3，同比降低 0.43%，吨油耗水 690 米^3。山东主要出产花生，占全国总产 18.34%。湖北 0.522 千克/米^3，同比提高 0.70%，吨油耗水 1 915 米^3。湖北主要出产油菜籽和芝麻，分别占全国总产的 16.06% 和 28.69%。内蒙古 0.520 千克/米^3，同比提高 4.51%，吨油耗水 1 924 米^3。内蒙古主要出产油菜籽，占全国产量的 2.68%。湖南 0.478 千克/米^3，同比降低 1.70%，吨油耗水 2 093 米^3。湖南主要出产油菜籽，产量占全国 14.74%。安徽 0.909 千克/米^3，同比提高 2.28%，吨油耗水 1 100 米^3。安徽主要出产油菜籽和花生，产量分别占全国的 6.27％和 4.03％。河北 0.925 千克/米³，同比提高 0.33％，吨油耗水 1 081 米³。河北主要出产花生，占全国总产 6.05％。吉林 0.603 千克/米³，同比降低 0.33％，吨油耗水 1 659 米³。吉林主要出产花生，占全国总产 6.40％。江西 0.380 千克/米³，同比提高 0.56％，吨油耗水 2 629 米³。江西主要出产油菜籽和芝麻，分别占全国总产的 5.30％和 9.02％。贵州 0.329 千克/米³，同比降低 4.13％，吨油耗水 3 042 米³。贵州主要出产油菜籽，占全国总产 6.63％。广东 0.525 千克/米³，同比提高 3.38％，吨油耗水 1 904 米³。广东油料主要出产油菜籽，占全国总产 14.74％。

油料作物主要包括花生、油菜籽和芝麻，由于各主产省份油料作物内部结构的不同，水分生产力有很大的差异。总体上，油菜籽水分生产力最低，花生和芝麻水分生产力比油菜籽高，但存在地区间差异。总体上，河南、山东、河北、安徽的油料综合水分生产力最高。

9. 糖料水分生产力

2018 年，全国糖料作物总产 11 937.37 万吨，耗水量 95.23 亿米³，水分生产力 12.54 千克/米³，同比提高 0.77％，吨糖耗水 80 米³。

2018 年内蒙古糖料（甜菜）水分生产力 9.713 千克/米³，同比提高 1.47％，吨糖耗水 103 米³。新疆糖料（甜菜）水分生产力 10.383 千克/米³，同比提高 16.0％，吨糖耗水 96 米³。广西糖料（甘蔗）水分生产力 13.91 千克/米³，同比提高 0.87％，吨糖耗水 72 米³。广东糖料（甘蔗）水分生产力 13.799 千克/米³，同比提高 4.39％，吨糖耗水 72 米³。云南糖料（甘蔗）水分生产力 10.622 千克/米³，同比提高 1.32％，吨糖耗水 94 米³。

甜菜水分生产力，内蒙古略高于新疆。甘蔗水分生产力，广西广东相差无几，云南最低。糖料作物的水分生产力普遍较高。

（三）真实节水效果评价

传统上农业节水评价的误区在于只重视水分在局部（农田和渠系）而忽视其在全局（灌区和流域）中的运动和转化。因此，在其主要评价指标"输水效率"（主要评价灌溉系统输水效率的灌溉利用系数）中所谓的"浪费"，从全局考察，实际上被区域中其他用户重复利用和消耗，所以在评价节水效果时，大大高估了实际节水量，造成所谓的"纸上节水"。最近 20 年来，在全球农业用水治理创新的核心理念和实践中，节水评价的重点已经从单一评价"输水效率"转移到综合评价"输水效率"（灌溉利用系数）和"耗水效率"（单位蒸散耗水达成的产量，即水分生产力），评价实行节水措施的区域所减少的净耗水量（蒸散量）、地表水和地下水无效流失量、农作物增产部分所增加的净耗水量所实现的"真实节水量"。

因此本报告基于上述理论基础以及水分生产力计算效果，计算了全国种植业生产中由于水分生产力的提高所实现的"真实节水量"（表 3-1）。根据计算结果，2018 年，全国作物生产中，由于作物水分生产力的提高而造成的灌溉水的减少总量为 73.73 亿米³。结合农业用水量分析，2018 年农业用水量比 2017 年减少 73.3 亿米³，按照灌溉水占农业用水 90％计算，灌溉水减少 66.0 亿米³，这是"表观节水量"。尽管灌溉水量受多种因素影响，但由于"灌溉水有效利用系数"和"水分生产力"的提高而实现的"真实节水量"为 106.11 亿米³。

表3-1　2018年全国农作物生产中实现的"真实节水量"（实际减少灌溉水量）计算

作物大类	2017年吨品*耗水量	2018年吨品耗水量	2018年产量	在2017年吨品耗水水平上的耗水量	2017年灌溉水贡献	2017年灌溉水有效利用系数	2017年水平上的毛灌溉量	在2018年吨品（粮、棉、油、糖）耗水水平上的耗水量	2018年灌溉水贡献	2018年灌溉水有效利用系数	2018年水平上的毛灌溉量	真实节水量
单位	米³	米³	万吨	亿米³	%	无量纲	亿米³	亿米³	%	无量纲	亿米³	亿米³
计算项	A	B	C	$D=A\times C$	p_1	q_1	$W_1=\dfrac{D\times p_1}{q_1}$	$E=B\times C$	p_2	q_2	$W_2=\dfrac{E\times p_2}{q_2}$	$S=W_1-W_2$
粮食	818	813	65 789.23	5 383.3	24.94	0.548	2 449.99	5 347.9	24.94	0.554	2 407.52	42.47
蔬菜	131.09	131.11	70 346.74	922.2	26.2	0.548	440.91	922.3	25.4	0.554	422.86	18.05
棉花	3 730	3 396	604.68	225.5	55.76	0.548	229.45	205.4	54.61	0.554	202.47	26.98
油料	1 793	1 752	3 436.07	616.1	23.76	0.548	267.13	601.87	23.13	0.554	251.29	15.84
糖料	80.39	79.77	11 937.37	95.96	28.11	0.548	49.22	95.23	27.02	0.554	46.45	2.78
合计							3 436.70				3 330.58	106.11

* 吨品是指每吨农产品（粮食、蔬菜、棉花、油料、糖料）。

四、结　　语

2018 年，全国平均年降水量与水资源总量同比均有所增加，保证了农业用水的总来源。

2018 年，全国农业用水总量 3 693 亿米³，同比减少 73.3 亿米³，减幅 1.95％。农业用水占总用水量 61.4％，同比减少 0.9 个百分点，仍是最大用水部门。农业用水占比各省、直辖市、自治区之间差异较大，从东南沿海到西北内陆逐渐递增。13 个粮食主产省份农业用水占比均在 80％以上，保证了粮食安全的用水需求。2018 年，全国农田灌溉量占本年度农业用水量的 87.0％，农田灌溉仍是农业用水第一大用水户。全国广义农业水资源（以归一化的水深衡量）同比增加，但与常年相比小幅下降。从水量衡量，广义农业水资源量 10 540.4 亿米³，同比增加了 384.5 亿米³，增幅 3.79％。其中，作物实际消耗 7 148.95 亿米³。作物灌溉耗水占实际灌溉量 57.1％。在作物总耗水中，粮食耗水量占 74.55％，是种植业第一大耗水户，紧随其后的是蔬菜（12.86％）、油料（8.39％）、棉花（2.87％）、糖料（1.33％）。

2018 年，我国作物生产总体可用水资源较为宽裕，农业用水总量同比下降约 70 亿米³，为实现粮食生产"连增"目标提供了有力支撑。农业用水效率和作物用水效益继续提升。灌溉水有效利用系数 0.554，同比提高 1.09％；粮食综合水分生产力 1.230 千克/米³，同比提高 0.66％；水稻水分生产力 0.944 千克/米³，同比提高 1.12％；小麦水分生产力 1.447 千克/米³，同比下降 0.31％；玉米水分生产力 1.862 千克/米³，同比提高 0.22％；大豆水分生产力 0.706 千克/米³，同比提高 2.29%；蔬菜综合水分生产力 7.627 千克/米^3，同比降低 0.01%；棉花水分生产力 0.294 千克/米^3，同比提高 9.82%；油料综合水分生产力 0.571 千克/米^3，同比提高 2.36%；糖料水分生产力 12.54 千克/米^3，同比提高 0.77%。2018 年，事关我国粮食和食物安全的大宗战略性作物的水分生产力总体上均有上升。

旱作农业综合节水措施配合灌溉节水措施，加上种植结构的调整，有效地延缓了农业用水和耗水的增加幅度。今后，应继续加大对旱作农业节水措施的研发和应用推广工作，在灌溉耕地上推广旱作节水技术能够与节水灌溉技术发挥"协同增效"的效果。2018 年农业用水量比 2017 年减少 73.3 亿米^3，农田实际灌溉量减少 99.9 亿米^3，这是"表观节水量"。尽管灌溉水量受多种因素影响，但由于"灌溉水有效利用系数"和"水分生产力"的提高而实现节水 106.11 亿米^3。

附录一　术语定义

降水量：从天空降落到地面的液态或固态（经融化后）水，未经地表蒸发、土壤入渗、径流损失而在地面上积聚的深度，一般用水深毫米来表示，有时也用体积米^3 来表示。

可再生地表水资源量：河流、湖泊以及冰川等地表水体中可以逐年更新的动态水量，即天然河川径流量，简称地表水资源量。

可再生地下水资源量：地下饱和含水层逐年更新的动态水量，即降水和地表水的渗漏对地下水的补给量，简称地下水资源量。

可再生水资源量：当地降水形成的地表和地下产水总量，即地表径流量与降水和地表水渗漏补给量之和。

部门用水量：指国民经济主要部门在周年中取用的包括输

水损失在内的毛水量，又称取水量。主要的用水部门包括：工业、农业、城乡生活、生态环境。

供水量：各种水源为用水户提供的包括输水损失在内的毛水量。

灌溉面积：一个地区当年农、林、果、牧等灌溉面积的总和。总灌溉面积等于耕地、林地、果园、牧草和其他灌溉面积之和。

耕地灌溉面积：灌溉工程或设备已经基本配套，有一定水源，土地比较平整，在一般年景可以正常进行灌溉的农田或耕地灌溉面积。

耕地实际灌溉面积：利用灌溉工程和设施，在耕地灌溉面积中当年实际已进行正常（灌水一次以上）灌溉的耕地面积。在同一亩耕地上，报告期内无论灌水几次，都应按一亩计算，而不应该按灌溉亩次计算。凡是肩挑、人抬、马拉抗旱点种的面积，一律不算实际灌溉面积。耕地实际灌溉面积不大于灌溉耕地面积。

蓝水：降落在天然水体和河流、通过土壤深层渗漏形成的地下水等可以被人类潜在直接地"抽取"加以利用的水量就是"蓝水"，即传统意义上"水资源"的概念，这部分的水量由于是人类肉眼可见的水，所以被称之为"蓝水"，即上述的"地表水资源"、"地下水资源"和"水资源总量"。

绿水：天然降水中直接降落在森林、草地、农田、牧场和其他天然土地覆被上的可以被这些天然和人工生态系统直接利用消耗形成生物量，为人类提供食物和维持生态系统正常功能的水量就是"绿水"资源，由于这部分的水量直接被天然和人工绿色植被以人类肉眼不可见的蒸散形式所消耗，所以被称之为"绿水"。

绿水流：天然降水通过降落到天然和人工生态系统表面，被土壤吸收而直接用于天然和人工生态系统实际蒸散的水量被称为"绿水流"。

绿水库：天然降水进入土壤，除了一部分通过深层渗漏补给地下水外，储存在土壤里可以为天然和人工生态系统继续利用的土壤有效水量被称为"绿水库"。

广义农业水资源（绝对量）：是指农作物生长发育可以潜在利用的耕地有效降水"绿水"资源和耕地灌溉"蓝水"资源的总和。它是一个以体积（亿米³）为衡量单位的变量。

广义农业水资源（归一化）：是指在农作物生育期内降落在农田上的降水深度与灌溉深度之和。它是一个以水深（毫米）为衡量单位的变量。

广义农业水土资源匹配：是指一个地区单位耕地面积所占有的广义农业水资源量，是评价一个地区耕地所享有的"蓝水"和"绿水"资源禀赋的衡量指标。

水土资源匹配：是指一个地区单位耕地面积所占有的水资源量，是评价一个地区耕地所享有的"蓝水"资源禀赋的衡量指标。

蓝水贡献率：是指在作物生育期形成的生物量和经济产量所消耗的总蒸散量中，由灌溉"蓝水"而来的蒸散量占总蒸散量的百分数，也可称灌溉贡献率。

绿水贡献率：是指在作物生育期形成的生物量和经济产量所消耗的总蒸散量中，由降水入渗形成的有效土壤水分"绿水"而来的蒸散量占总蒸散量的百分数，也可称降水贡献率。

水分生产力，是指在流域或区域范围内，农业生产总量或总（净）产值除以生产过程中消耗的总蒸散量，单位是千克/米³。

真实节水量，是指评价实行节水措施的区域所减少的净耗水量（蒸散量）、地表水和地下水无效流失量、农作物增产部分所增加的净耗水量所实现的节水量。

附录二　理论和方法

在世界范围内，农业灌溉水量占全部用水量的 70% 左右，这个比例随不同国家的经济发展水平而有所变化。在中国，农业灌溉用水一般占总用水的 60%～70%，这个比例随着不同流域和时间而有所变化，尤其是随着经济的发展，其他部门用水量需求和实际用水量不断增加，农业灌溉用水在总用水量中的比重不断减少，但仍然是流域和区域尺度上最大的用水部门，所以，以前提高农业用水效率的研究和讨论主要集中于提高农业灌溉用水的效率上。实际上，支撑农作物生产和产量形成的不仅仅是灌溉水，还有降落在农田，被土壤吸纳储存后直接用于作物产量形成的天然降水量，而这部分的水量在传统农业用水和评价中一直处于被忽略的地位。

1994 年瑞典斯德哥尔摩国际水研究所的 Falkenmark 首次提出水资源评价中的"蓝水"和"绿水"概念的区分。传统水资源的概念指的是天然降水在地表形成径流，通过地下水补给进入河道、或者直接降落到河道中的水量，这部分水资源在传统的水资源评价中被认为是所有人类可利用的"总的水资源量"。而"蓝水"和"绿水"概念的核心理念就是对这个传统的水资源量概念的扩展和修正，尤其是对农作物的生产和生态系统维持和保护来说，天然的总降水量才是所有水资源的来源，无论是进入河道、湖泊和内陆天然水体的地表水，通过土壤深层渗漏形成的地下水等可以被人类直接"抽取"利用的"蓝水"资源，还是降落到森林、草地、农田、牧场上直接被天然和人工生态系统利用的"绿水"资源。

"蓝水"和"绿水"的核心理念是：降落在天然水体和河流，通过土壤深层渗漏形成的地下水等可以被人类直接"抽取"加以利用的水量就是"蓝水"，即传统意义上的"水资源"的概念，这部分的水量由于是人类肉眼可见的水，所以被称之为"蓝水";而天然降水中直接降落在森林、草地、农田、牧场和其他天然土地覆被上的可以被这些天然和人工生态系统直接利用消耗形成生物量,为人类提供食物和维持生态系统正常功能的水量就是"绿水"资源,由于这部分的水量直接被天然和人工绿色植被以人类肉眼不可见的蒸散形式所消耗,所以被称之为"绿水"。在"绿水"资源的概念里,包括"绿水流"和"绿水库"。天然降水通过降落到天然和人工生态系统表面,被土壤吸收而直接用于天然和人工生态系统实际蒸散的水量被称为"绿水流";而天然降水进入土壤,除了一部分通过深层渗漏补给地下水外,储存在土壤里可以为天然和人工生态系统继续利用的土壤有效水量被称为"绿水库"。从"蓝水"和"绿水"资源的界定可以看出,后者的范围要远远大于前者。

广义农业可用水资源是指农作物生长发育可以潜在利用的耕地有效降水"绿水"资源和耕地灌溉"蓝水"资源的总和。

根据定义,广义农业可用水资源(Broadly-defined Available Water for Agriculture,BAWA)包括两个分量:耕地灌溉"蓝水"和耕地有效降水"绿水"。计算公式如下:

$$Q_{gbw} = Q_{bw} + Q_{gw} \qquad (1)$$

其中,Q_{gbw}是广义农业可用水资源总量(亿米^3);Q_{bw}是耕地灌溉"蓝水"资源量(亿米^3);Q_{gw}是耕地有效降水"绿水"资源量(亿米^3)。

其中耕地灌溉"蓝水"资源量的估算方法是:

$$Q_{bw} = Q_{ag} \times p_{ir} \qquad (2)$$

其中,Q_{bw}是耕地灌溉"蓝水"资源量(亿米^3);Q_{ag}是农业总用水量;p_{ir}是耕地灌溉用水占农业总用水量的百分比(%)。

灌溉"蓝水"数据来源于《中国水资源公报》中报告的农业用水量和农田灌溉量。农业用水量中不仅包括耕地灌溉量,还包括畜牧业用水量和农村生活用水量等农业其他部门的用水量。根据全国分省多年平均数据计算，耕地灌溉量一般占农业用水量的 90%～95%。

相比较耕地灌溉"蓝水"资源，耕地有效降水"绿水"资源的估算较为复杂。这主要是因为很难测量和计算降落在耕地上的天然降水。本报告提出了一个简易方法匡算全国耕地的有效降水"绿水"资源量，主要原理如下：天然降水中降落到耕地的部分，除了有一部分形成地表径流补给河道、湖泊等水体外，其余部分则入渗到土壤中。入渗到土壤中的水量，其中一部分渗漏到深层补给地下水体或者侧渗补给地表水体。因此，耕地有效降水"绿水"估算的水平衡方程如下：

$$Q_{gw} = P_{cr} - R_{cr} - D_{cr} \qquad (3)$$

其中，Q_{gw} 是耕地有效降水"绿水"量（亿米^3）；P_{cr} 是耕地降水量（亿米^3）；R_{cr} 是耕地径流量（亿米^3）；D_{cr} 是耕地深层渗漏量（亿米^3）。

该方程又可以称之为耕地有效降水量的估算方程。其中耕地降水的估算方程如下：

$$P_{cr} = P_t \times \frac{A_{cr}}{A_{ld}} \qquad (4)$$

其中，P_t 是降水总量（亿米^3）；A_{cr} 是耕地面积（千公顷）；A_{ld} 是国土面积（千公顷）；A_{cr}/A_{ld} 是耕地面积占国土面积的百分比（%）。

该计算公式蕴含的假设是：假定天然降水均匀地降落在地表各种类型的土地利用和覆被方式上，包括耕地、林地、草地、荒地等。各种土地利用方式所接受的降水和它们各自占国土面积的百分比相当，耕地接受的降水量应该和耕地占国土面积的百分比相当。

在估算耕地径流量 R_{cr} 时，需要做如下假定。首先，假定耕地径流量和降水量的比例，即耕地径流系数，和水资源公报中报告的地表水资源量和降水量的比例相同。其次，在我国主要粮食主产区东北、华北和长江中下游平原，耕地相对平整，耕地径流基本上可以忽略不计。而在我国的丘陵地区，径流系数较大，需要计算耕地径流。

$$R_{cr} = P_{cr} \times \frac{IRWR_{surf}}{P_t} \qquad (5)$$

其中，P_{cr}是耕地降水量（亿米^3）；$IRWR_{surf}$是水资源公报报告的地表水资源量（亿米^3）；P_t是水资源公报报告的总降水量（亿米^3）。

耕地深层渗漏量D_{cr}的估算是采用分布式水文模型进行计算。

$$D_{cr} = P_t \times \frac{d_{cr}}{p_{cr}} \qquad (6)$$

其中，d_{cr}是水文模型计算的区域耕地深层渗漏量（亿米^3）；p_{cr}是水文模型计算的区域降水量（亿米^3）。

具体的计算原理和过程，以及结果的验证见相关文献。

水土资源匹配是指单位耕地面积所享有的水资源量。但是，传统的水土资源匹配计算时的水资源量是指"蓝水"资源。这个指标的缺点是：用总的"蓝水"资源，即水资源公报中所报告的水资源总量和耕地面积匹配，而这部分水资源中只有其中一部分可以被农业利用。为了更确切地定量分析农业可以潜在利用的水量和耕地数量的匹配，本报告从广义农业可用水资源出发计算了广义农业水土资源匹配，计算公式如下：

$$D_{match} = \frac{Q_{gbw}}{A_{cr}} \qquad (7)$$

其中，D_{match}是广义农业水土资源匹配（米^3/公顷）；Q_{gbw}是广义农业可用水资源量（亿米^3）；A_{cr}是耕地面积（千公顷）。

粮食生产耗水量是指粮食作物经济产量形成过程中消耗的

实际蒸散量。水分生产力是指粮食作物单位耗水量（实际蒸散量）所形成的经济产量。

$$CWP_{bs} = \frac{Y_c}{ET_a} \tag{8}$$

其中，CWP_{bs} 是省域作物水分生产力（千克/米^3）；Y_c 是省域粮食作物产量（千克）；ET_a 是省域粮食作物产量形成过程中的耗水量，即实际蒸散量（米^3）。

与"广义农业可用水资源"概念相对应的还有下述主要概念：

"蓝水"贡献率，是指在流域或区域范围内，农业生产（种植、畜牧、水产）中消耗的总蒸散量中来源于"蓝水"的部分与总蒸散量之比。

"绿水"贡献率，是指在流域或区域范围内，农业生产（种植、畜牧、水产）中消耗的总蒸散量中来源于"绿水"的部分与总蒸散量之比。

作物水分生产力，是指在流域或区域范围内，农业生产总量或总（净）产值与生产过程中消耗的总蒸散量之比。

农业用水公报相关计算流程

本报告计算流程主要分为 3 个阶段（图 4-1）。

首先，是数据收集和整理以及研究方案确定。第二阶段是进行国家和区域尺度农田"蓝水"和"绿水"特征及作物水分生产力评价方法的完善，具体包括：基于流域的水文—作物建模计算（SWAT）和结果验证。第三阶段是总结集成分析研究结果，考虑气候变化和社会经济的影响，确定"农业用水红线"，并提出国家和区域尺度农业用水红线及相应的政策建议。

首先，利用全国数字高程模型（DEM）、全国土地利用和覆被空间数据、全国土壤空间和属性数据、全国气象数据，在水文和作物模型 SWAT 中进行水文基本模拟、校验和验证，

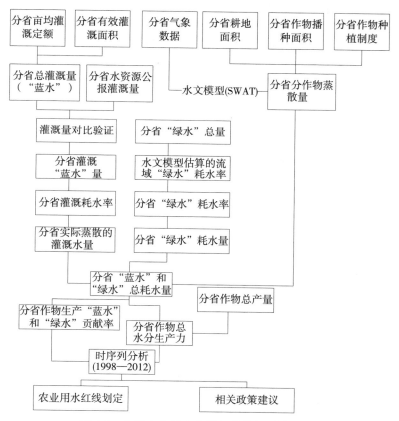

图 4-1 中国农业用水公报相关指标计算流程

然后结合全国农作区划数据、全国农作物监测站点数据、全国灌溉站点监测数据，分流域、分省域对全国农作物生长和耗水进行计算，在模型率定和结果校验后得到分省分作物生长季的实际蒸散耗水量和产量，同时得到农作物生长季的水平衡各项。其次，利用《中国水资源公报》中各省亩均灌溉定额以及分省有效灌溉面积，计算分省灌溉量，然后与分省水资源公报中的灌溉量进行比对验证。之后得到分省灌溉"蓝水"量，再根据水资源公报中报告的灌溉耗水率得到实际消耗的灌溉"蓝水"量。第三，结合水文模型计算流域和省域"绿水"耗水量，得到各省和全国的"蓝水"和"绿水"消耗总量，并结合作物产量，得到分省作物生产中"蓝水"和"绿水"的贡献率、消耗率、作物水分生产力。

第三部分
2019年中国农业用水报告

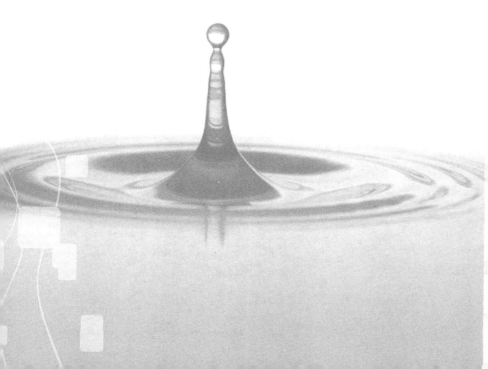

一、广义农业可用水资源

（一）降水量和水资源量

1. 降水量

2019 年，全国平均年降水量 651.3 毫米，比多年平均值偏多 1.4%，比 2018 年减少 4.6%。从水资源分区看，10 个水资源一级区中有 6 个水资源一级区降水量比多年平均值偏多，其中松花江区、西北诸河区分别偏多 19.7% 和 13.8%；4 个水资源一级区降水量偏少，其中淮河区、海河区分别比多年平均值偏少 27.3%、16.0%。

降水量不仅是"蓝水"和"绿水"的来源，也是评价广义农业可用水量的最根本水源。担负我国粮食安全重任的松花江流域的降水比常年显著偏多，对流域农业生产是有利条件。西北诸河的降水量比常年偏多也有利于西北干旱半干旱雨养农业水分条件的改善。水资源紧张的海河流域降水量比常年减少近三成，会进一步加剧该区农业用水和其他部门用水的紧张状况。淮河流域降水量偏少 16.0%，也会对农业生产造成影响。

从行政分区看，全国 17 个省（自治区、直辖市）降水量比多年平均值偏多。在 13 个粮食主产省份中，9 个主产省份比常年降水偏少，其中河南偏少 31.4%，湖北偏少 24.3%，安徽偏少 20.2%，江苏偏少 19.7%，山东偏少 17.8%，河北偏少 16.7%，四川偏少 2.6%，内蒙古偏少 0.9%。值得注意的是，多年平均降水量较为丰富的安徽、江苏和湖北，以及河南的降水量偏少程度较大。

总体上，尽管 2019 年全国降水量比常年偏多，但 13 个粮食主产省份中的 9 个却比常年偏少，其中还包括传统上的丰水主产省份，势必影响农作物生产用水。

2. 地表和地下水资源量

天然降水降落到地面后，在不同下垫面（地形、土壤、地表覆被、土地利用等）影响下，分割成为"蓝水"资源（可再生地表水和地下水）和"绿水"资源（土壤有效储水量）。由于下垫面不同，相同或类似降水量所形成的水资源量在不同地区会存在差异，换言之，降水量增加并不意味着水资源量按比例地增加；反之，降水量的减少也不意味着水资源量按比例地减少。

2019 年，全国地表水资源量 27 993.3 亿米³，折合地表径流深 295.7 毫米，比常年偏多 4.8%。从水资源分区看，松花江、东南诸河比常年偏多 49.9%、24.6%；海河区、淮河区、辽河区、西南诸河区地表水资源量比多年平均值偏少，其中海河区、淮河区、辽河区分别偏少 51.6%、51.5% 和 25.1%。

值得注意的是：作为粮食主产流域的辽河，地表水资源已经连续第三年比常年偏少。

13 个粮食主产省份中，5 个省份的地表水资源比常年偏多，依次为：黑龙江（90%）、江西（32%）、吉林（28%）、湖南（25%）、四川（5%）。8 个省份地表水资源量比常年偏少，依次为：内蒙古（−22%）、安徽（−23%）、辽宁（−30%）、江苏（−39%）、山东（−40%）、湖北（−41%）、河北（−58%）、河南（−64%）。其中，河南、河北、辽宁、内蒙古是连续第二年地表水资源量比常年偏少。

值得注意的是，南方 6 个粮食主产省份，一半比常年偏多，一半比常年偏少，且偏少的幅度均大于 20%。北方区的河北已经连续第二年比常年偏少，且偏少幅度都较大。这对正在实施地下水超采综合治理的河北农业用水造成影响。2019年，尽管全国水平上地表水资源量比常年偏多，但13个粮食主产省份中却有8个比常年偏少。地表水资源量的减少意味着地表灌溉的可用水量会受到负面影响，由于地表水量减少，地下水利用量就有可能增加。

值得注意的是：作为粮食主产流域的海河、淮河、辽河流域的地表水资源和平原地下水资源在减少，这势必会加剧农业用水的紧张。由于周年循环可更新地表水和平原浅层地下水减少，势必造成粮食主产流域加大利用深层地下水，从而造成地下水超采及其相关的生态环境问题。

3. 水资源总量

2019年，全国水资源总量29 041.0亿米^3，比多年平均值偏多4.8%，比2018年增加5.7%。其中，地表水资源量27 993.3亿米^3，地下水资源量8 191.5亿米^3，地下水与地表水资源不重复量1 047.7亿米^3。全国水资源总量占降水总量的47.1%，平均单位面积产水量为30.7万米^3/千米^2。水资源总量占降水总量之比较2018年提高了5个百分点，单位面积产水量较2018年略有增加。

13个粮食主产省份的水资源总量，5个省份连续第二年比常年偏多，依次为：黑龙江（84%）、江西（30%）、吉林（26%）、湖南（24%）、四川（5%）。其他8个主产省份比常年偏少，依次为：内蒙古（−18%）、安徽（−24%）、辽宁（−24%）、江苏（−28%）、山东（−35%）、湖北（−40%）、河北（−44%）、河南（−58%）。

总体上，2019年13个粮食主产省份的水资源总量不容乐观。13个省份中只有5个水资源总量比常年偏多。而在8个比常年偏少的主产省份中，又有6个是连续第二年偏少。水资源总量偏少对农业用水势必造成进一步挤压，加剧农业用水紧张。

（二）部门用水分配

1. 各部门用水量和占比

2019 年，全国用水总量 6 021.2 亿米³，比 2018 年同比增加 5.70 亿米³，增幅 0.09%。其中，生活用水 871.7 亿米³，占用水总量 14.5%，绝对量和占比同比略有增加。工业用水 1 217.7 亿米³，占用水总量 20.2%，绝对量和占比同比略有减少。农业用水 3 682.3 亿米³，占用水总量 61.2%，绝对量和占比同比略有减少。人工生态环境补水 249.6 亿米³，占用水总量 4.1%，绝对量和占比同比有显著增加。随着国家节水行动的实施，工农业用水效率的提升，工农业用水的绝对数量和占比逐步下降。随着城镇化进程和生态文明建设步伐加快，城乡居民生活和生态环境补水的绝对数量和占比在逐步增加。从绝对值看，农业用水只同比减少了 10.8 亿米³，但这只是"表观节水量"。由于灌溉水有效利用系数提高和作物水分生产力提升，所蕴含的"真实节水量"要显著超过这个数值。本报告后面部分将会进行总结计算。

13 个粮食主产省份的农业用水量，河北（−5.62%）、吉林（−3.44%）、黑龙江（−10.0%）、安徽（−2.47%）、四川（−1.34%）5 省都是连续第二年减少。湖南（−1.44%）、内蒙古（−0.51%）同比略有减少。江苏（10.9%）、山东（3.52%）、河南（1.58%）、辽宁（0.25%）4 省农业用水量增加。江西（1.12%）、湖北（1.17%）连续第二年同比增加。

降水量比常年偏多的省份，如黑龙江、吉林、江西、湖南、四川，农业用水量也相应减少。但在降水比常年偏少的省份，如河北、安徽、内蒙古，农业用水量也会下降。降水量减少造成"蓝水"、"绿水"资源量均不足，从而农业用水量也会下降。

2. 农业用水量和农业用水占比

2019 年，农业用水占总用水量 75％ 以上的有新疆（87.0％）、黑龙江（88.3％）、宁夏（85.3％）、西藏（85.0％）、甘肃（78.6％）5 个省份。其中，新疆、黑龙江、宁夏 3 个省份农业用水占比同比略有下降。工业用水占总用水量 35％ 以上的有上海（58.4％）、江苏（40.1％）、重庆（36.7％）3 个省份，生活用水占总用水量 20％ 以上的有北京（44.8％）、重庆（28.6％）、浙江（28.5％）、上海（24.0％）、天津（26.4％）、广东（25.1％）6 个省份。

全国农业用水占总用水量的 61.2％，同比下降 0.2 个百分点，仍是最大的用水部门。其中，北京（8.9％）和上海（16.7％）都低于 25％；重庆（32.9％）、天津（32.4％）、福建（47.2％）、浙江（43.7％）、江苏（49.0％）都低于 50％。

全国分省农业用水占比呈现明显的地区分异，从东南到西北逐渐增加。东南沿海经济最发达地区的农业用水占比最低，西北内陆地区缺水省份的占比最高，其他省份则处于中段位置。这种用水格局的空间分布从一个角度表明了各省经济结构和发达程度，以及城镇化程度。越是经济发达、工业化、城镇化程度较高的地区，不同部门间用水竞争越激烈，对农业用水的挤占效应越明显。

3. 灌溉面积和节水灌溉面积

2019 年，全国灌溉总面积 75 034.2 千公顷，占耕地总面积的 55.6％，比 2018 年提高 0.66％。其中，农田有效灌溉面积 6 678.6 千公顷，占灌溉总面积的 91.53％，同比增加 0.60％；农田有效灌溉面积占耕地总面积的 50.9％，同比提高 0.3 个百分点。林地灌溉面积 2 600.7 千公顷，占灌溉总面积的 3.47％，同比提高 3.61％；果园灌溉面积 2 653.3 千公顷，占灌溉总面积 3.54％，同比增加 0.30％；牧草灌溉面积

1 101.5 千公顷，占灌溉总面积的 1.50%，同比减少 1.2%。2019 年的耕地实际灌溉面积 57 913.55 千公顷，占耕地有效灌溉面积的 77.18%。2019 年，农田灌溉占灌溉面积的绝对多数，仍旧大于 90%，紧随其后的是果园、林地和牧草。其中果园灌溉仍保持在第二位。牧草灌溉量同比有小幅下降。

13 个粮食主产省份中，河北（92.5%）、黑龙江（99.6%）、吉林（98.5%）、辽宁（91.9%）、河南（97.7%）、江苏（93.6%）、安徽（97.3%）、江西（95.9%）、湖北（93.9%）、湖南（97.0%）、四川（92.0%）的农田灌溉占总灌溉面积的比例都在 90% 以上；山东（89.9%）、内蒙古（83.8%）都低于 90%。其中内蒙古主要是因为牧草灌溉比例较大，山东主要是果园灌溉比例较高。上述比例与 2018 年相比基本持平，为保证粮食生产，13 个粮食主产省份的灌溉主要用于农田灌溉。

2019 年，全国节水灌溉面积达到 37 059.3 千公顷，比2018 年同比增加 2.56%。节水灌溉面积增加幅度同比有所减小。其中，喷滴灌面积 4 549.8 千公顷，同比增加 3.16%；微灌面积 7 407.8 千公顷，同比增加 1.75%；低压管灌面积11 043.3 千公顷，同比增加 4.52%。2019 年，低压管灌面积增幅最大。2019 年，节水灌溉面积占总灌溉面积的 49.39%，同比增加将近 1 个百分点。

13 个粮食主产省份中，内蒙古（76.8%）、河北（74.8%）、江苏（63.3%）、山东（59.1%）、四川（55.8%）、辽宁（54.6%）的节水灌溉占比都超过 50%；吉林（42.4%）、河南（40.2%）、黑龙江（35.5%）都高于 30%；安徽（28.8%）、江西（29.7%）大于 20%；湖北（17.8%）、湖南（13.8%）最低。北方主产省份采用节水灌溉比例远远高于南方主产省，湖北、湖南两省节水灌溉比例最低。近两年南方主产省份降雨量与常年相比偏少，同样需要加强节水灌溉技术应用。河南节水灌溉比例同比提高了 3 个百分点，这与本年度河南降水量、水资源量减少幅度较大有关。总体上，粮食主产省份采用节水灌溉的比例都有不同程度的增加。

从采用的具体节水灌溉方式看，在全国节水灌溉面积中，采用低压管灌的面积占灌溉总面积的 29.8%，采用微灌的占 19.0%，采用喷滴灌的占 12.3%。在节水灌溉采用力度较大的粮食主产省份中，内蒙古主要采用的是微灌（占节水灌溉面积的 29.9%）、喷滴灌（21.7%）、低压管灌（20.7%）。河北的低压管灌占绝对优势（77.7%）。江苏、四川和山东主要采用低压管灌。江苏和四川主要采用其他节水技术。其他主产省份中，吉林的喷滴灌占优，河南低压管灌占绝对优势，黑龙江是喷滴灌占绝对优势。安徽、江西、湖南主要采用其他节水灌溉技术。湖北主要采用低压管灌和喷灌。

上述情况表明：缺水的北方粮食生产省份，节水灌溉比例较高，如内蒙古、河北，还有经济发达但不缺水的省份，如江苏。在节水灌溉比例较高的省份，除了最基本的渠道衬砌外，低压管灌、喷滴灌和微灌都是主导的节水灌溉模式。2019 年节水灌溉技术的分布与 2018 年相比未发生明显变化。

4. 农田灌溉量及其农业用水占比

农田亩均实际灌溉量乘以农田实际灌溉面积得到农田实际灌溉量。2019 年，全国农田灌溉量为 3 197.9 亿米^3，占本年农业用水量的 86.44%。13 个粮食主产省份中，湖南（95.9%）、黑龙江（97.0%）、安徽（91.7%）、江西（95.4%）、河北（89.6%）、内蒙古（77.5%）、湖北（83.0%）、辽宁（79.0%）、河南（87.8%）、江苏（89.1%）、山东（86.4%）、四川（85.7%）、吉林（92.0%）的农田灌溉量占农业用水的百分比都较高。13 个粮食主产省份中，除了内蒙古和辽宁，都达到了 85% 以上；黑龙江和辽宁的农田灌溉量占农业用水比例同比有明显下降；安徽和湖北同比略有下降。

2019 年，农业仍然是最大的用水部门，总用水量 3 682.3 亿米³，占总用水量的 61.2%，同比下降了 0.2 个百分点。农田灌溉量占农业用水总量的 86.8%，同比提高了 0.8 个百分点，仍是最大的农业用水部门。在总灌溉面积中，节水灌溉面积的比例继续提高，低压管灌、喷滴灌和微灌都是主要的节水灌溉模式。

（三）广义农业水资源

根据"蓝水"和"绿水"的概念，广义农业水资源包括耕地灌溉水量（"蓝水"）和耕地接受的天然降水量（"绿水"）两个分量。耕地有效降水量受耕地面积、降水量、径流量和渗漏量年际变化的影响。耕地灌溉量受每年有效实际灌溉面积和亩均实际灌溉量年际变化的影响。为剔除上述因素的影响，需要对广义农业水资源量进行归一化处理，不仅要计算广义水资源量的绝对量，还要计算广义农业水资源量在耕地上所折合的水深。

1. 广义农业水资源总量

2019 年，全国广义农业水资源量 9 587.3 亿米³，同比减少 9.0%，比常年减少 3.12%。在广义农业水资源中，耕地降水量 6 389.4 亿米³，同比减少 12.8%，耕地灌溉量 3 197.9 亿米³，同比减少 0.51%。

2019 年广义农业水资源量的组成中，耕地降水占 66.6%，同比减少 3 个百分点；耕地灌溉占 33.4%，同比提高 3 个百分点。

需要说明的是：广义农业水资源量是一个集总式的概念，包括了旱作雨养耕地和灌溉耕地所接收的所有水量。由于每年耕地数量以及灌溉耕地数量的变动，加上降水量和灌溉量变化，需要对其分量进行细化，才能更真实地反映并比较雨养旱作耕地和灌溉耕地所接受水量的年际变化。因此，本报告进一步区分雨养旱作耕地所接受的降水量，与灌溉耕地所接受的降水和灌溉总量。

2019 年，全国旱作农田上接受的降水总量为 3 136.1 亿米³，同比减少 13.3%。全国灌溉耕地降水和灌溉水总量 6 924.0 亿米³，同比减少 6.8%。

2019 年，全国旱作农田接受的水量与全国灌溉耕地上接受的降水量和灌溉水量同比均偏少，种植业生产的可用水量同比减少。

2. 耕地上广义农业水资源中"绿水"和"蓝水"比例

耕地有效降水量和耕地灌溉量占广义农业水资源的百分比可以反映全国耕地上"绿水"和"蓝水"的相对比例，是衡量一个地区对"绿水"和"蓝水"相对依赖程度的指标。2019年，全国耕地降水占广义农业水资源量的 66.6%，同比减少 3 百分点；耕地灌溉占广义农业水资源的 33.4%，同比提高 3 个百分点。

2019 年，13 个粮食主产省份的耕地"绿水"比例均超过耕地"蓝水"比例。如果按照"绿水"占比降序排序，吉林（"绿水"83.1%/"蓝水"17.9%）、河南（82.4%/17.6%）、山东（81.0%/19.0%）均超过 80%；辽宁（76.0%/24.0%）、安徽（75.6%/24.4%）、河北（73.7%/26.3%）、内蒙古（71.9%/28.1%）、湖北（71.3%/28.7%）均超过 70%；四川（69.1%/30.9%）、黑龙江（66.5%/33.5%）、江西（62.1%/37.9%）、湖南（62.1%/37.9%）、江苏（60.6%/39.4%）均超过 50%。

3. 灌溉耕地上广义农业水资源中"绿水"和"蓝水"比例

灌溉耕地对我国粮食生产贡献起到绝对重要的作用，因此有必要考察灌溉耕地上广义农业水资源中"绿水"和"蓝水"的相对比例。

2019 年，全国灌溉耕地的广义农业水资源中，耕地降水占 46.2%，同比提高 3 个百分点，耕地灌溉占 53.8%，同比下降 3 个百分点。13 个粮食主产省份中，内蒙古（"蓝水"60.4%/"绿水"39.6%）、黑龙江（60.1%/39.9%）、四川（57.9%/42.1%）、江西（55.4%/44.6%）、辽宁（56.5%/43.5%）、湖南（51.8%/48.2%）、吉林（50.1%/49.9%）灌溉耕地上的灌溉水量均超过其降水量。河南（"绿水"69.4%/"蓝水"30.6%）、山东（68.6%/31.4%）、安徽（64.1%/35.9%）、河北（59.0%/41.0%）、江苏（51.2%/48.4%）灌溉耕地的降水量均超过其灌溉量。

耕地上所接受的"蓝水"和"绿水"的相对占比反映了一个区域的气候类型、灌溉耕地占比、灌溉作物种植结构，以及灌溉节水措施的效果。值得注意的是：在一直以来被认为是灌溉广度和强度都很大的河北省，灌溉耕地上的耕地灌溉水量占比却低于其他主产省份，这主要是河北省的冬小麦—夏玉米轮作制度中，全年 70% 以上的降水都发生在夏玉米生长季。具有类似气候和农作制度的河南与山东也是如此。黑龙江和辽宁灌溉主要集中在水稻上，吉林由于灌溉集中于极为干旱的耕地或抗旱保产的耕地上，所以灌溉占比较高。南方各主产省份由于水稻的灌溉量大造成灌溉比例较高。但是位于南北交界处的安徽，由于作物中小麦和玉米还占有一定比例，所以，灌溉耕地接受的"蓝水"量少于"绿水"量。

综上，全国耕地上总的"蓝水"和"绿水"比例与灌溉耕地上的该比例是略有不同的，这取决于当地的灌溉耕地占总耕地面积的比例。灌溉比例越是较高的省份，两个比例越相似。如新疆耕地上"绿水"："蓝水"为 7.4：92.6，其灌溉耕地两者比例为 7.9：92.1。

4. 灌溉耕地和旱作雨养耕地上接受的广义农业水资源

2019 年，全国实灌面积所接受的灌溉"蓝水"和降水"绿水"的总量 6 451.2 亿米^3，同比减少 6.8%。全国旱作雨养耕地上接受的降水"绿水"3 136.1亿米^3，同比减少13.3%。全国旱作和灌溉农田所接受的"绿水"、"蓝水"及其总量均同比减少，再次反映出本年种植业基础水量同比减少。

（四）广义农业水土资源匹配

水土资源的匹配程度是衡量一个区域耕地面积及其可用的水资源之间的关系，也是该地区所能承载耕地数量的指标。传统上用该地区的水资源量（"蓝水"）除以该区的耕地面积得到"水土资源匹配程度"。但从"蓝水"和"绿水"的角度看，该区耕地可用的广义农业水资源应该是区域"绿水"和"蓝水"总量所能承载耕地数量。因此，本报告除了计算传统"蓝水"视角的"水土资源匹配"外，还计算了综合"蓝水"和"绿水"的"广义农业水土资源匹配"。

1. 传统水土资源匹配

如果用传统水土资源匹配指标衡量，位于北方缺水流域的粮食主产省份均严重失衡，而位于南方丰水流域的主产省份水土资源匹配程度较高（图1-1）。2019年河北用占全国0.39%的水资源支撑了占全国4.83%的耕地（表1-1），水土比仅0.08（水土比=水资源占比/耕地占比）。类似地，山东用占全国0.67%的水资源支撑了占全国5.63%的耕地，水土比仅0.12；江苏（0.24）、吉林（0.34）、河南（0.10）、黑龙江（0.44）、辽宁（0.24）、内蒙古（0.22）、安徽（0.43）、湖北（0.54）的水土比均低于1.0；而四川（1.90）、湖南（2.35）、江西（3.09）均大于1.0。从传统水资源匹配程度看，13个主产省份中只有四川、湖南、江西3省的水资源占比是大于土地资源占比的，东北和华北的主产省份均小于0.5。南方的江苏、安徽、湖北均在0.5～1.0之间。

2. 广义农业水土资源匹配

从广义农业水土资源匹配的角度看，计算每单位耕地上的

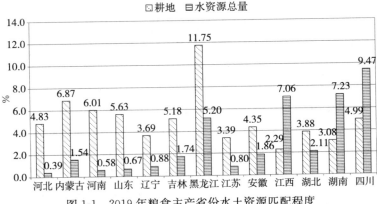

图 1-1　2019 年粮食主产省份水土资源匹配程度
（耕地占全国百分比和水资源总量占全国百分比）

广义农业水资源量更能够体现各地区农业水土资源匹配的禀赋。

在考虑耕地降落的"绿水"的因素后，粮食主产省份的水土资源匹配图景发生了明显的变化（图 1-2）。2019 年，河北用占全国 3.89％的广义农业水资源支撑了占全国 4.83％的耕地，广义水土比（广义水土比＝广义农业水资源占比/耕地占比）

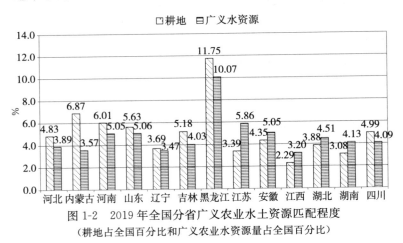

图 1-2　2019 年全国分省广义农业水土资源匹配程度
（耕地占全国百分比和广义农业水资源量占全国百分比）

表 1-1　2019 年全国分省耕地广义农业水土资源匹配表

项目	耕地面积（千公顷）	耕地比例（%）	水资源总量（亿米³）	水资源总量比例（%）	耕地灌溉水资源（亿米³）	耕地灌溉水资源比例（%）	广义农业水资源（亿米³）	广义农业水资源比例（%）
全国	134 881.3	100	29 041	100	3 197.9	100	9 587.3	100
北京	213.7	0.16	24.6	0.08	2.2	0.07	12.0	0.12
天津	436.8	0.32	8.1	0.03	8.2	0.26	25.4	0.26
河北	6 518.9	4.83	113.5	0.39	102.3	3.20	373.1	3.89
山西	4 056.3	3.01	97.3	0.34	41.8	1.31	212.5	2.22
内蒙古	9 270.8	6.87	447.9	1.54	108.1	3.38	342.7	3.57
河南	8 112.3	6.01	168.6	0.58	106.9	3.34	484.3	5.05
山东	7 589.8	5.63	195.2	0.67	119.4	3.73	485.6	5.06
辽宁	4 971.6	3.69	256	0.88	63.7	1.99	333.1	3.47
吉林	6 986.7	5.18	506.1	1.74	75.0	2.34	386.5	4.03
黑龙江	15 845.7	11.75	1 511.4	5.20	265.9	8.31	965.0	10.07
上海	191.6	0.14	48.3	0.17	12.3	0.39	26.6	0.28
江苏	4 573.3	3.39	231.7	0.80	270.0	8.44	562.1	5.86
浙江	1 977.0	1.47	1 321.5	4.55	63.4	1.98	200.3	2.09
安徽	5 866.8	4.35	539.9	1.86	137.7	4.31	483.9	5.05
福建	1 336.9	0.99	1 363.9	4.70	68.5	2.14	152.8	1.59

（续）

项目	耕地面积（千公顷）	耕地比例（%）	水资源总量（亿米³）	水资源总量比例（%）	耕地灌溉水资源（亿米³）	耕地灌溉水资源比例（%）	广义农业水资源（亿米³）	广义农业水资源比例（%）
江西	3 086.0	2.29	2 051.6	7.06	155.0	4.85	307.0	3.20
湖北	5 235.9	3.88	613.7	2.11	129.0	4.03	432.5	4.51
湖南	4 151.0	3.08	2 098.3	7.23	183.7	5.74	395.9	4.13
广东	2 599.7	1.93	2 068.2	7.12	178.5	5.58	395.4	4.12
海南	722.4	0.54	252.3	0.87	29.5	0.92	92.0	0.96
重庆	2 369.8	1.76	498.1	1.72	20.7	0.65	139.8	1.46
四川	6 725.2	4.99	2 748.9	9.47	132.4	4.14	391.8	4.09
贵州	4 518.8	3.35	1 117	3.85	54.6	1.71	331.2	3.45
云南	6 213.3	4.61	1 533.8	5.28	92.0	2.88	469.6	4.90
西藏	444.0	0.33	4 496.9	15.48	20.4	0.64	30.3	0.32
广西	4 387.5	3.25	2 105.1	7.25	171.7	5.37	484.9	5.06
陕西	3 982.9	2.95	495.3	1.71	45.6	1.43	257.1	2.68
甘肃	5 377.0	3.99	325.9	1.12	78.2	2.45	230.7	2.41
青海	590.1	0.44	919.3	3.17	13.1	0.41	27.7	0.29
宁夏	1 289.9	0.96	12.6	0.04	51.5	1.61	94.1	0.98
新疆	5 239.6	3.88	870.1	3.00	396.5	12.40	461.6	4.81

达 0.81，显著高于其传统水土比 0.08。山东广义水土比达到 0.90，也远高于其传统水土比 0.12。在其他传统水土比较低的省份，广义水土比均有大幅度提升，如河南（广义水土比 0.84；传统水土比 0.10）、辽宁（0.94；0.24）、吉林（0.78；0.34）、黑龙江（0.86；0.44）、内蒙古（0.52；0.22）的广义水土比基本上超过 0.5 甚至 1.0。其他主产省份，江苏（1.73；0.24）、安徽（1.16；0.43）、湖北（1.16；0.54）广义水土比均有上升，四川（0.82；0.98）、湖南（1.34；2.35）、江西（1.4；3.09）均有下降。

综合考虑耕地降水"绿水"和"蓝水"因素的广义农业水土比，说明了在一些缺水的粮食主产省份，真正支撑其粮食生产的广义农业水资源禀赋，同时，也修正了丰水省份的实际水土比。

二、农作物生产与耗水

（一）农作物生产概况

2019 年，全国农作物总播种面积 165 930.66 千公顷，比 2018 年同比增加 0.02%，在连续两年（2018 和 2019 年）略有减少后略有增加，但还未恢复到 2016 年的最高水平（166 939.04 千公顷）。其中，粮食作物播种面积 116 063.6 千公顷，同比减少 0.82%；粮食作物播种面积占总播面积 69.9%，同比下降 0.6 个百分点，连续第三年下降。粮食作物无论是播种面积还是占比已经连续第三年减少。粮食作物中，谷物播种面积 97 847.03 千公顷，同比减少 1.83%。谷物播种面积和占比已经是连续第四年减少。水稻播种面积 29 693.52

千公顷，同比减少 1.64％，水稻播种面积占比连续第二年下降。小麦播种面积 23 727.68 千公顷，同比减少 2.22％，小麦播种面积和占比连续第三年下降。玉米播种面积 41 284.06 千公顷，同比减少 2.01％，玉米播种面积和占比连续第四年减少。油料播种面积 12 925.43 千公顷，同比增加 0.41％，油料播种面积和占比虽略有增加，但还未达到 13 000 千公顷的多年平均水平。棉花播种面积 3 339.29 千公顷，同比减少 0.45％。糖料播种面积 1 610.47 千公顷，同比减少 0.77％。蔬菜播种面积 20 862.74 千公顷，同比增加 2.1％，蔬菜播种面积和占比连续第三年增长。

2019 年，全国粮食总产 66 384.34 万吨，同比增长 0.9％。其中，谷物总产 61 369.73 万吨，同比增长 0.6％。水稻产量 20 961.4 万吨，同比减少 0.41％，连续第二年减少；小麦总产 13 359.6 万吨，同比增长 1.64％，扭转了 2018 年的减少趋势；玉米总产 26 077.89 万吨，同比增加 1.4％，扭转了玉米连续 3 年的减产趋势。豆类总产 2 131.9 万吨，同比增加 11.02％，连续第四年增长。薯类总产 2 882.72 万吨，同比增加 0.61％，连续第三年增长。

2019 年，棉花总产 588.9 万吨，同比减少 3.5％。油料总产 3 492.98 万吨，同比增长 1.74％。糖料产量 12 169.02 万吨，同比增加 1.94，连续第三年增长。蔬菜总产 72 102.56 万吨，同比增加 2.5％，连续第九年增长。

从分省作物产量看，2019 年，13 个粮食主产省份生产了全国 78.9％的粮食，80.2％的谷物，77.1％的稻谷，86.7％的小麦，80.2％的玉米，81.7％的豆类和 48.6％的薯类。2019 年，全国棉花产量主要集中于新疆、河北、山东、湖北和湖南 5 省份，其棉花产量占全国 96.0％，棉花生产集中度同比进一步提高。2019 年，全国油料输生产主要集中于河南、四川、山东、湖北、内蒙古、湖南、辽宁、河北、吉林、辽宁、江西、贵州、江苏、甘肃、新疆等省份（13 个粮食主产省份中，除了黑龙江，其他 12 个都是油料主产省份，再加上非粮食主产省份的贵州、甘肃、新疆，一共 15 个油料主产省份），其油料产量占全国 85.7％。在糖料作物中，甘蔗产量主要集中于广东、广西、云南 3 个省份，它们的产量占全国的 95.9％。甜菜产量主要由内蒙古和新疆出产，占全国产量的 87.6％。蔬菜在我国各省份广泛分布，从产量占全国总产来看，蔬菜主产省份是：山东、河南、江苏、河北、四川、湖北、湖南、广西、广东、贵州、云南、安徽、浙江、重庆、新疆、辽宁、陕西。2019 年，蔬菜主产省份生产了全国 86.7％ 的蔬菜。

（二）农作物耗水量

植物叶片表面的气孔在吸收 CO_2 的同时散发出水汽（蒸腾），植物同化二氧化碳，从而形成生物量和经济产量。作物生产过程中，不仅有植物的蒸腾，还有土面的蒸发，蒸发加蒸腾称之为蒸散量，这部分水分由于作物产量（生物量）的形成而不可恢复地消耗，所以是作物生产中的耗水。一般来说，作物的产量与蒸散耗水量之间存在总体上的正相关，但是，由于作物种类、品种、管理、节水措施、种植结构的不同，作物产量与耗水量之间并不一定严格遵循正相关的普遍规律。

1. 农作物总耗水量

2019 年，全国农作物总耗水量 7 136.04 亿米^3，同比下降 0.49％。其中，来源于灌溉的耗水量 1 833.1 亿米^3，同比下降 0.59％；来源于降水的耗水量 5 303.0 亿米^3，同比下降 0.46％。

2. 粮食耗水量

2019 年，粮食作物总耗水量 5 283.83 亿米^3，同比下降 1.19％。其中，来源于灌溉的耗水量 1 303.04 亿米^3，同比下降 2.26%；来源于降水的耗水量 3 980.79 亿米^3，同比下降 0.83%。2019 年粮食总产比 2018 年增产 0.90%，但耗水量比 2018 年减少了 1.19%。这里有种植结构变化和水分生产力提高双重作用的影响。

粮食作物中，水稻、小麦是重要的口粮，玉米是重要的饲料粮，其中，水稻、小麦属于 C$_3$ 作物，玉米属于水分生产力较高的 C$_4$ 作物，因此这三大粮食作物的耗水量对粮食的耗水量影响很大。

2019 年，三大粮食作物的总产 60 074.4 万吨，同比增产 0.54%。水稻、小麦、玉米总耗水量 4 631.4 亿米^3，同比减少 2.2%。

2019 年，水稻总产 20 961 万吨，同比减少 1.2%。水稻耗水量 2 280.6 亿米^3，同比减少 1.46%。小麦总产 13 360 万吨，同比增产 1.64%，小麦耗水量 974 亿米^3，同比减少 2.0%。玉米总产 26 078 万吨，同比增产 1.4%，玉米耗水量 1 376.9 亿米^3，同比减少 2.07%。总体上，水稻、小麦、玉米三大粮食作物耗水量随着产量升高而略有降低。

2018 年，水稻总产占三大粮食作物总产的 34.7%，而其耗水量占三大粮食作物总耗水量的 49.2%。水稻是耗水量最多的粮食作物。小麦在三大粮食作物中占比 22.1%，耗水量占比 21.0%。玉米总产占比 43.2%，耗水量占比仅 29.7%（表 2-1）。

表 2-1 2019 年全国主要粮食作物耗水量
耗水比例产量和产量比例

三大口粮作物	水稻	小麦	玉米
耗水量（亿米^3）	2 280.6	974	1 376.9
耗水比例（%）	49.2	21.0	29.7
产量（万吨）	20 961	13 360	26 078
产量比例（%）	34.7	22.1	43.2

玉米是 C_4 作物，水分生产力较高。小麦是 C_3 作物，但是由于节水品种以及农艺和工程节水措施的实施，水分生产力不断提高，耗水占比略小于产量占比。水稻由于其淹水种植的生理特征，耗水占比远远大于产量占比。2019年，三大粮食作物耗水量占粮食作物总耗水量的比例为 87.7%。2019年，全国13个粮食主产省份的粮食耗水量 3 655.98 亿米³，同比减少 1.0%。主产省份粮食耗水量占全国粮食总耗水量的 69.2%。2019年，粮食耗水量占作物总耗水量的 74.02%，是种植业第一大耗水户。

3. 蔬菜耗水量

2019年，全国蔬菜总产 72 102.56 万吨（以鲜菜计算，下同），同比增产 2.5%，连续第九年增长。蔬菜总耗水量 951.76 亿米³，同比增长 3.2%，蔬菜耗水增幅略超过产量增幅。其中，灌溉耗水量 245.63 亿米³，同比增长 5.0%；降水耗水量 706.14 亿米³，同比增长 2.6%。灌溉耗水在蔬菜总耗水量中的占比 25.8%，降水占 74.2%。2019年，蔬菜耗水占作物总耗水量的 13.3%，同比提高 0.5 个百分点。2019年，17个蔬菜主产省份的总产占全国的 71.73%，其蔬菜耗水量占全国蔬菜耗水总量的 73.36%。

蔬菜产量，从绝对值看，已经超过了粮食总产量。但是，由于蔬菜种类繁多、品种庞杂、含水量大、含水差异大，蔬菜总产量的绝对值在某种程度上不能与粮食总产进行类比。但是蔬菜已经成为仅次于粮食作物的第二大种植业耗水户，今后需要引起特别关注。

4. 棉花耗水量

2019年，全国棉花产量 588.9 万吨（皮棉，下同），同比减产 3.5%。棉花耗水总量 211.14 亿米³，同比增长 2.6%。其中，棉花灌溉耗水量 120.1 亿米³，同比增长 6.6%；降水耗水量 91.07 亿米³，同比减少 2.8%。

2019 年全国棉花主要集中于新疆，其产量占全国总产的 84.9%。其他棉花主产省份还有：河北、山东、湖北、湖南、江西、安徽。这 7 个省份的棉花总产占全国总产的 96.0%，其棉花耗水总量 201.67 亿米^3，占棉花全国总耗水量的 99.7%。2019 年，棉花耗水占作物总耗水量的 2.96%。

5. 油料耗水量

2019 年，全国油料作物（包括花生、油菜籽、芝麻、葵花籽、胡麻籽）总产量 3 492.98 万吨，同比增加 1.74%。油料作物耗水总量 609.17 亿米^3，同比提高 1.24%。其中，灌溉耗水量 141.08 亿米^3，同比提高 1.4%；降水耗水量 468.09 亿米^3，同比提高 1.2%。

油料作物在我国分布广泛，各省份都有种植。2019 年，全国油料作物生产主要集中于河南（产量占全国总产 18.48%）、四川、山东、湖北、内蒙古、湖南、安徽、河北、吉林、江西、贵州、广东。这 12 个省份出产了全国 85.65% 的油料，而其耗水总量占全国油料耗水总量的 73.36%。2019 年，油料耗水量占作物总耗水量的 8.53%。

6. 糖料耗水量

2019 年，全国糖料作物产量中，甘蔗总产 10 938.81 万吨，同比增产 1.19%；甜菜总产 1 227.29 万吨，同比增产 8.84%。糖料作物总耗水 97.1 亿米^3，同比增加 1.96%。其中灌溉耗水量 25.75 亿米^3，同比增加 0.07%；降水耗水量 71.35 亿米^3，同比增加 4.16%。

2019 年，甘蔗生产主要集中于广西（产量全国占比 68.5%）、云南、广东 3 省份，其甘蔗产量之和占全国 95.9%。甜菜生产主要是新疆和内蒙古，2 个自治区的甜菜总产占全国总产 87.6%。5 个主产省份的糖料耗水量占全国糖料耗水量的 88.8%。2019 年，糖料作物耗水量占作物总耗水量的 1.36%。

（三）农作物耗水结构——灌溉和降水贡献率

降水贡献率，是指在流域或区域范围内，农业生产（种植、畜牧、水产）中消耗的总蒸散量中来源于"绿水"的部分与总蒸散量之比。灌溉贡献率，是指在流域或区域范围内，农业生产（种植、畜牧、水产）中消耗的总蒸散量中来源于"蓝水"的部分与总蒸散量之比。

2019 年，全国作物生产中，灌溉贡献率 25.7%，降水贡献率 74.3%。粮食作物灌溉贡献率 24.7%，降水贡献率 75.3%。蔬菜灌溉贡献率 25.8%，降水贡献率 74.2%。棉花灌溉贡献率 54.5%，降水贡献率 45.5%。油料作物灌溉贡献率 23.2%，降水贡献率 76.8%。糖料作物灌溉贡献率 28.1%，降水贡献率 71.9%。

全国分省粮食生产中"蓝水"和"绿水"贡献率的计算结果显示：大部分省份的"绿水"贡献率都超过了 50%，只有 2 个省份的"蓝水"贡献率超出"绿水"贡献率：上海（"蓝水"："绿水"=62.9%：37.1%）、新疆（60.9%：39.1%）。灌溉贡献率较高的还有：宁夏（45.1%：54.9%）、广东（39.6%：60.4%）、江苏（43.0%：57.0%）。13 个粮食主产省份中，粮食生产中的"绿水"贡献率普遍都超过"蓝水"贡献率。

三、农作物的用水效率和效益

（一）用水效率——灌溉水有效利用系数

灌溉水有效利用系数，是指流域或区域范围内，到达农田的灌溉水量与灌溉取水点的水量之比。它是衡量灌溉系统输水效率的指标。

2019 年，全国灌溉水有效利用系数为 0.559。华北、东北、西北各省份灌溉水利用系数不是超过了全国水平就是与全国水平接近。北京 0.747、天津 0.714、河北 0.674、山西 0.546、内蒙古 0.547、河南 0.615、山东 0.643、辽宁 0.591、吉林 0.594、黑龙江 0.610、陕西 0.577、甘肃 0.565、青海 0.500、宁夏 0.543、新疆 0.561。

东南各省份的灌溉水利用系数也基本在全国水平上下浮动，上海 0.738、江苏 0.614、浙江 0.600、安徽 0.544、福建 0.552、江西 0.513、湖北 0.522、湖南 0.535、广东 0.506、海南 0.569。西南各省份的灌溉水利用系数均低于全国平均水平，四川 0.477、重庆 0.499、贵州 0.479、云南 0.485、西藏 0.446、广西 0.501。

总体上，粮食主产省份和干旱地区的灌溉水利用系数相对较高。西南省份灌溉水利用系数均低于全国平均水平。

（二）用水效益——物质水分生产力

作物用水效益有物质效益和经济效益两大类。本报告中指物质效益，即立方米耗水产出的作物产量。本报告涵盖的作物大类有：粮食作物、油料作物、糖料作物、纤维作物、蔬菜作物。其中粮食作物包括：谷物（水稻、玉米、小麦、其他谷物）、薯类、豆类（大豆和其他豆类）作物。油料作物主要包括：花生、油菜籽、芝麻、葵花籽、胡麻籽等。纤维作物主要包括：棉花、各种麻类作物（黄红麻、亚麻、苎麻）。糖料作物包括：甘蔗和甜菜。蔬菜作物主要涵盖：叶菜类、果菜类、根茎类蔬菜。为了报告的实用性和适用性，本报告只报道作物大类的水分生产力。其中粮食作物中，水稻、玉米、小麦的水分生产力单独报道。由于近年来蔬菜产量持续增长，其总产量已经超过粮食作物，因此，在报告顺序上将蔬菜作物置于仅次于粮食作物的位置。

由于不同作物水分利用效率相差较大，本报告将按照作物大类报告水分生产力。

1. 粮食综合水分生产力

2019 年，全国粮食作物综合水分生产力为 1.256 千克/米^3，水分生产力同比提高 2.1%。相当于吨粮耗水 796 米^3，吨粮耗水同比降低 17 米^3。

2019 年，13 个粮食主产省份的水分生产力情况如下。东北区黑龙江粮食综合水分生产力 0.968 千克/米^3，同比提高 3.5%；吉林 1.302 千克/米^3，同比提高 3.8%；辽宁 1.527 千克/米^3，同比提高 10.8%。华北区河北粮食综合水分生产力 1.627 千克/米^3，同比提高 2.5%；内蒙古 1.241 千克/米^3，同比提高 3.2%；河南 1.990 千克/米^3，同比提高 1.5%；山东 1.564 千克/米^3，同比降低 0.62%。东南区江苏粮食综合水分生产力 1.280 千克/米^3，同比降低 2.5%；安徽 1.729 千克/米^3，同比增加 5.6%；江西 1.249 千克/米^3，同比降低 0.97%；湖北 1.266 千克/米^3，同比降低 0.3%；湖南 1.610 千克/米^3，同比提高 1.2%。西南区四川粮食综合水分生产力 1.192 千克/米^3，同比提高 0.77%。

总体上，13 个粮食主产省份中，黑龙江、内蒙古、江西、四川的水分生产力低于全国平均水平，河南、山东水分生产力分列全国第一和第二位。

2. 水稻水分生产力

2019 年，全国水稻水分生产力为 0.919 千克/米^3，同比提高 1.3%，吨粮耗水量 1 088 米^3。

13 个粮食主产省份中的南方水稻主产区，江苏水稻水分生产力 1.176 千克/米^3，同比提高 1.5%；安徽 1.275 千克/米^3，同比提高 0.69%；江西 1.283 千克/米^3，同比提高

0.62%；湖北 1.335 千克/米³，同比提高 0.62%；湖南 1.575 千克/米³，同比提高 0.49%；四川 1.152 千克/米³，同比提高 0.3%。东北也是优质水稻主要产区，尤其是黑龙江水稻面积，近几年由于市场需求增加，播种面积和产量不断增加。东北区辽宁水稻水分生产力 0.798 千克/米³，同比提高 0.79%；吉林 0.695 千克/米³，同比提高 3.1%；黑龙江 0.668 千克/米³，同比提高 0.91%。

2019 年，南方 6 省份的水稻水分生产力均高于全国平均水平，吨粮耗水均小于 1 000 米³，但与 2018 年相比，水分生产力都有升有降。东北区水稻水分生产力均低于全国平均水平，吨粮耗水在 1 200~1 400 米³ 之间。

3. 小麦水分生产力

2019 年，全国小麦水分生产力为 1.479 千克/米³，同比提高 3.64%，吨粮耗水 676 米³。

13 个粮食主产省份中，河北、河南和山东都是小麦产区。河北小麦水分生产力 1.480 千克/米³，同比提高 2.3%；河南 1.607 千克/米³，同比提高 4.5%；山东 1.276 千克/米³，同比提高 4.7%。其他小麦播种比重较大的主产省份有：江苏 1.797 千克/米³，同比提高 4.4%；安徽 2.036 千克/米³，同比提高 4.5%；湖北 1.514 千克/米³，同比提高 3.1%；四川 1.487 千克/米³，同比提高 3.76%。

2018 年，除了北方小麦主产省份的水分生产力较高外，南方的江苏和安徽，甚至还要高于北方各主产省份，并且南方的湖北、四川的水分生产力水平也较高。

4. 玉米水分生产力

2019 年，全国玉米水分生产力为 1.799 千克/米³，同比提高 3.5%，吨粮耗水 556 米³。

东北和华北是我国玉米的重要产地。2019 年，辽宁玉米水分生产力 1.849 千克/米³，同比提高 14.7%；吉林 2.016 千

克/米³，同比提高 9.0%；黑龙江 1.771 千克/米³，同比提高
6.0%；内蒙古 1.810 千克/米³，同比降低 0.1%；河北 1.648
千克/米³，同比提高 3.1%；河南 2.366 千克/米³，同比降低
1.42%；山东 2.667 千克/米³，同比提高 10.1%；江苏 1.722
千克/米³，同比提高 5.9%；安徽 2.027 千克/米³，同比提
高 2.84%。

2019 年，河南、山东玉米水分生产力处于全国最高水平，
安徽在南方各主产省份中最高。

5. 蔬菜综合水分生产力

2019 年，全国蔬菜综合水分生产力为 7.576 千克/米³
（以鲜菜计算，下同），吨菜耗水 132 米³，同比降低 0.68%。

17 个蔬菜主产省份蔬菜综合水分生产力如下。河北
18.039 千克/米³，同比降低 1.7%；河南 18.68 千克/米³，同
比降低 5.9%；山东 18.09 千克/米³，同比降低 12.0%；辽宁
13.25 千克/米³，同比提高 2.3%；江苏 7.363 千克/米³，同
比降低 5.0%；安徽 10.08 千克/米³，同比提高 3.7%；浙江
3.783 千克/米³，同比提高 1.8%；湖北 6.957 千克/米³，同
比降低 3.8%；湖南 7.550 千克/米³，同比提高 0.3%；四川
7.023 千克/米³，同比提高 2.2%；重庆 5.897 千克/米³，同
比提高 2.0%；贵州 3.636 千克/米³，同比提高 2.4%；云南
3.330 千克/米³，同比提高 1.5%；广东 4.653 千克/米³，同
比提高 5.5%；广西 4.185 千克/米³，同比提高 3.8%；陕西
9.270 千克/米³，同比提高 4.0%；新疆 7.203 千克/米³，同
比降低 4.0%。

2019 年，位于蔬菜水分生产力第一梯队的是华北各蔬菜
主产省份，苏、皖、两湖、川渝、陕新处于第二梯队，云、
贵、两广最低。

6. 棉花水分生产力

2019 年，全国棉花总产量 588.9 万吨，棉花耗水量

211.14 亿米^3，水分生产力 0.279 千克/米^3，同比降低 5.1%，吨棉耗水 3 585 米^3。

2019 年，新疆棉花水分生产力 0.267 千克/米^3，同比降低 6.9%。；河北 0.314 千克/米^3，同比降低 1.5%；山东 0.513 千克/米^3，同比降低 4.9%；湖北 0.189 千克/米^3，同比降低 7.1%；湖南 0.324 千克/米^3，同比降低 3.1%；江西 0.326 千克/米^3，同比降低 32%。棉花是典型的高耗水作物，山东棉花水分生产力最高，超过了 0.50 千克/米^3，其他棉花主产省份都在 0.20～0.40 千克/米^3 之间。

7. 油料综合水分生产力

2019 年，全国油料作物总产 3 492.98 万吨，总耗水量 609.17 亿米^3，综合水分生产力 0.573 千克/米^3，同比提高 0.49%，吨油耗水 1 744 米^3。

13 个油料主产省份水分生产力如下。河南油料作物水分生产力 1.790 千克/米^3，同比下降 3.3%。河南油料作物主要是花生和芝麻，各占全国总产约 40%。四川 0.526 千克/米^3，同比提高 1.9%。四川主要出产油菜籽，占全国总产约 20%。山东 1.371 千克/米^3，同比降低 5.4%。山东主要出产花生，占全国总产 20%。湖北 0.526 千克/米^3，同比提高 0.69%。湖北主要出产油菜籽和芝麻，分别占全国总产 16% 和 30%。内蒙古 0.570 千克/米^3，同比提高 9.6%。湖南 0.438 千克/米^3，同比降低 8.7%。湖南主要出产油菜籽，产量占全国 15%。安徽 0.950 千克/米^3，同比提高 4.5%。安徽主要出产油菜籽和花生，产量分别占全国的 6% 和 4%。河北 0.923 千克/米^3，同比降低 0.2%。河北主要出产花生，占全国总产 6%。吉林 0.602 千克/米^3，同比降低 0.1%。吉林主要出产花生，占全国总产 7%。江西 0.378 千克/米^3，同比降低 0.53%。江西主要出产油菜籽和芝麻，分别占全国总产的 5% 和 9%。贵州 0.335 千克/米^3，同比提高 1.0%。贵州主要出

产油菜籽，占全国总产 7%。广东 0.551 千克/米³，同比提高
4.9%。广东油料主要出产油菜籽，占全国总产 15%。

油料作物主要包括花生、油菜籽和芝麻，由于各主产省份
油料作物内部结构的而不同，水分生产力有很大的差异。总体
上，油菜籽水分生产力最低，花生和芝麻水分生产力比油菜籽
高，但存在地区间差异。总体上，河南、山东、河北、安徽的
水分生产力最高，均在 0.900 千克/米³ 以上。

8. 糖料水分生产力

2019 年，全国糖料作物总产 12 169.06 万吨，耗水量
97.1 亿米³，水分生产力 12.53 千克/米³，同比降低 0.02%，
吨糖耗水 80 米³。

内蒙古糖料（甜菜）水分生产力 11.46 千克/米³，同比提
高 18.0%。新疆糖料（甜菜）水分生产力 10.09 千克/米³，
同比下降 2.9%。广西糖料（甘蔗）水分生产力 14.38 千克/
米³，同比提高 3.4%。广东糖料（甘蔗）水分生产力 14.73
千克/米³，同比提高 6.7%。云南糖料（甘蔗）水分生产力
10.86 千克/米³，同比提高 2.3%。

甜菜水分生产力，内蒙古略高于新疆。甘蔗水分生产力，
广西广东相差无几，云南最低。糖料作物的水分生产力普遍
较高。

（三）真实节水效果评价

传统上农业节水评价的误区在于只重视水分在局部（农田
和渠系）而忽视其在全局（灌区和流域）中的运动和转化。因
此，在其主要评价指标"输水效率"（主要评价灌溉系统输水
效率的灌溉利用系数）中所谓的"浪费"，从全局考察，实际
上被区域中其他用户重复利用和消耗，所以在评价节水效果
时，大大高估了实际节水量，造成所谓的"纸上节水"。最近
20 年来，在全球农业用水治理创新的核心理念和实践中，节水

表 3-1 2019 年全国农作物生产中实现的"真实节水量"（实际节约灌溉水量）计算

作物大类	2018年吨品*耗水量	2019年吨品耗水量	2019年产量	在2018年水平上的耗水量	2018年灌溉水贡献	2018年灌溉水有效利用系数	2018年水平上的毛灌溉量	在2019年水平上的耗水量	2019年灌溉水贡献	2019年灌溉水有效利用系数	2019年水平上的毛灌溉量	真实节水量
单位	米³	米³	万吨	亿米³	%	无量纲	亿米³	亿米³	%	无量纲	亿米³	亿米³
计算项	A	B	C	$D=A\times C$	p_1	q_1	$W_1=\dfrac{D\times p_1}{q_1}$	$E=B\times C$	p_2	q_2	$W_2=\dfrac{E\times p_2}{q_2}$	$S=W_1-W_2$
粮食	813	796	66 384.32	5 397.05	24.93	0.554	2 428.67	5 284.19	24.66	0.559	2 331.09	97.58
蔬菜	131	132	72 102.59	944.54	25.35	0.554	432.21	951.75	25.81	0.559	439.44	−7.23
棉花	3 403	3 585	588.9	200.40	54.49	0.554	197.11	211.12	56.87	0.559	214.78	−17.67
油料	1 753	1 744	3 492.97	612.32	23.11	0.554	255.43	609.17	23.16	0.559	252.39	3.04
糖料	79.77	79.79	12 169.06	97.07	25.73	0.554	45.08	97.1	26.52	0.559	46.07	−0.98
合计				3 358.50							3 283.77	74.73

* 吨品是指每吨农产品（粮食、蔬菜、棉花、油料、糖料）。

评价的重点已经从单一评价"输水效率"转移到综合评价"输水效率"（灌溉利用系数）和"耗水效率"（单位蒸散耗水达成的产量，即水分生产力），评价实行节水措施的区域所减少的净耗水量（蒸散量）、地表水和地下水无效流失量、农作物增产部分所增加的净耗水量所实现的"真实节水量"。

因此本报告基于上述理论基础以及水分生产力计算效果，计算了全国种植业生产中由于水分生产力的提高所实现的"真实节水量"（表 3-1）。根据计算结果，2019 年，全国作物生产中，由于作物水分生产力的提高而造成的灌溉水的减少总量为 74.73 亿米^3。

四、结　　语

2019 年，全国平均年降水量同比略为减少，但比常年略微偏多；水资源量比常年和同比均略微偏多。降水量和水资源量从总体上保障了农业用水量的稳定。

2019 年，全国农业用水量 3 682 亿米^3，同比减少 10.8 亿米^3，降幅 0.29%。农业用水占总用水量 61.2%，同比减少 0.2 个百分点，仍是最大用水部门。农业用水占比各省、直辖市、自治区之间差异较大，从东南沿海到西北内陆逐渐递增。13 个粮食主产省份农业用水占比均在 80% 以上，保证了粮食安全的用水需求。2019 年，全国农田灌溉量 3 197.9 亿米^3，占本年度农业用水量的 86.8%，农田灌溉仍是农业用水第一大用水户。全国广义农业水资源（以归一化的水深衡量）同比和与常年比均有小幅下降。从水量衡量，广义农业水资源量 9 587.3 亿米^3，同比减少 9.0%，其中，作物实际消耗 7 136.0 亿米^3。作物灌溉耗水占实际灌溉量 57.3%。在作物总耗水中，粮食耗水量占 74.02％，是种植业第一大耗水户，紧随其后的是蔬菜（13.3％）、油料（8.53％）、棉花（2.96％）、糖料（1.36％）。

2019 年，我国作物生产在总体水资源与农业用水量与 2018 年持平的情况下，继续实现粮食生产的"连增"目标。农业用水效率和作物用水效益继续提升。灌溉水有效利用系数 0.559，同比提高 0.90％；粮食综合水分生产力 1.256 千克/米³，同比提高 2.1％；水稻水分生产力 0.919 千克/米³，同比提高 1.3％；小麦水分生产力 1.479 千克/米³，同比提高 3.64％；玉米水分生产力 1.799 千克/米³，同比提高 3.5％；蔬菜综合水分生产力 7.576 千克/米³，同比降低 0.68％；棉花水分生产力 0.279 千克/米³，同比降低 5.1％；油料综合水分生产力 0.573 千克/米³，同比提高 0.49％；糖料水分生产力 12.53 千克/米³，同比降低 0.02％。2019 年，事关我国粮食和食物安全的大宗战略性作物的水分生产力有升有降。

旱作农业综合节水措施配合灌溉节水措施，加上种植结构的调整，有效地延缓了农业用水和耗水的增加幅度。今后，应继续加大对旱作农业节水措施的研发和应用推广工作，在灌溉耕地上推广旱作节水技术能够与节水灌溉技术发挥"协同增效"的效果。2019 年农业用水量比 2018 年减少 10.8 亿米³，农田实际灌溉量减少 16.5 亿米³，这是"表观节水量"。尽管灌溉水量受多种因素影响，但由于"灌溉水有效利用系数"和"水分生产力"的提高而实现"真实节水量"74.73 亿米³。

附录一　术语定义

降水量：从天空降落到地面的液态或固态（经融化后）水，未经地表蒸发、土壤入渗、径流损失而在地面上积聚的深度，一般用水深毫米来表示，有时也用体积米³来表示。

可再生地表水资源量：河流、湖泊以及冰川等地表水体中可以逐年更新的动态水量，即天然河川径流量，简称地表水资源量。

可再生地下水资源量：地下饱和含水层逐年更新的动态水量，即降水和地表水的渗漏对地下水的补给量，简称地下水资源量。

可再生水资源量：当地降水形成的地表和地下产水总量，即地表径流量与降水和地表水渗漏补给量之和。

部门用水量：指国民经济主要部门在周年中取用的包括输水损失在内的毛水量，又称取水量。主要的用水部门包括：工业、农业、城乡生活、生态环境。

供水量：各种水源为用水户提供的包括输水损失在内的毛水量。

灌溉面积：一个地区当年农、林、果、牧等灌溉面积的总和。总灌溉面积等于耕地、林地、果园、牧草和其他灌溉面积之和。

耕地灌溉面积：灌溉工程或设备已经基本配套，有一定水源，土地比较平整，在一般年景可以正常进行灌溉的农田或耕地灌溉面积。

耕地实际灌溉面积：利用灌溉工程和设施，在耕地灌溉面积中当年实际已进行正常（灌水一次以上）灌溉的耕地面积。在同一亩耕地上，报告期内无论灌水几次，都应按一亩计算，而不应该按灌溉亩次计算。凡是肩挑、人抬、马拉抗旱点种的面积，一律不算实际灌溉面积。耕地实际灌溉面积不大于灌溉耕地面积。

蓝水：降落在天然水体和河流、通过土壤深层渗漏形成的地下水等可以被人类潜在直接地"抽取"加以利用的水量就是"蓝水"，即传统意义上"水资源"的概念，这部分的水量由于是人类肉眼可见的水，所以被称之为"蓝水"，即上述的"地表水资源"、"地下水资源"和"水资源总量"。

绿水：天然降水中直接降落在森林、草地、农田、牧场和其他天然土地覆被上的可以被这些天然和人工生态系统直接利用消耗形成生物量，为人类提供食物和维持生态系统正常功能的水量就是"绿水"资源，由于这部分的水量直接被天然和人工绿色植被以人类肉眼不可见的蒸散形式所消耗，所以被称之为"绿水"。

绿水流：天然降水通过降落到天然和人工生态系统表面，被土壤吸收而直接用于天然和人工生态系统的实际蒸散的水量被称为"绿水流"。

绿水库：天然降水进入土壤，除了一部分通过深层渗漏补给地下水外，储存在土壤里可以为天然和人工生态系统继续利用的土壤有效水量被称为"绿水库"。

广义农业水资源（绝对量）：是指农作物生长发育可以潜在利用的耕地有效降水"绿水"资源和耕地灌溉"蓝水"资源的总和。它是一个以体积（亿米^3）为衡量单位的变量。

广义农业水资源（归一化）：是指在农作物生育期内降落在农田上的降水深度与灌溉深度之和。它是一个以水深（毫米）为衡量单位的变量。

广义农业水土资源匹配：是指一个地区单位耕地面积所占有的广义农业水资源量。是评价一个地区耕地所享有的"蓝水"和"绿水"资源禀赋的衡量指标。

水土资源匹配：是指一个地区单位耕地面积所占有的水资源量，是评价一个地区耕地所享有的"蓝水"资源禀赋的衡量指标。

蓝水贡献率：是指在作物生育期形成的生物量和经济产量所消耗的总蒸散量中，由灌溉"蓝水"而来的蒸散量占总蒸散量的百分数，也可称灌溉贡献率。

绿水贡献率：是指在作物生育期形成的生物量和经济产量所消耗的总蒸散量中，由降水入渗形成的有效土壤水分"绿水"而来的蒸散量占总蒸散量的百分数，也可称降水贡献率。

水分生产力，是指在流域或区域范围内，农业生产总量或总（净）产值除以生产过程中消耗的总蒸散量，单位是千克/米³。

真实节水量，是指评价实行节水措施的区域所减少的净耗水量（蒸散量）、地表水和地下水无效流失量、农作物增产部分所增加的净耗水量所实现的节水量。

附录二　理论和方法

在世界范围内，农业灌溉水量占全部用水量的 70％左右，这个比例随不同国家的经济发展水平而有所变化。在中国，农业灌溉用水一般占总用水的 60％～70％，这个比例随着不同流域和时间而有所变化，尤其是随着经济的发展，其他部门用水量需求和实际用水量不断增加，农业灌溉用水在总用水量中的比重不断减少，但仍然是流域和区域尺度上最大的用水部门，所以，以前提高农业用水效率的研究和讨论主要集中于提高农业灌溉用水的效率上。实际上，支撑农作物生产和产量形成的不仅仅是灌溉水，还有降落在农田，被土壤吸纳储存后直接用于作物产量形成的天然降水量，而这部分的水量在传统农业用水和评价中一直处于被忽略的地位。

1994 年瑞典斯德哥尔摩国际水研究所的 Falkenmark 首次提出水资源评价中的"蓝水"和"绿水"概念的区分。传统水资源的概念指的是天然降水在地表形成径流，通过地下水补给进入河道，或者直接降落到河道中的水量，这部分水资源在传统水资源评价中被认为是所有人类可利用的"总的水资源量"。而"蓝水"和"绿水"概念的核心理念就是对这个传统的水资源量概念的扩展和修正，尤其是对农作物的生产和生态系统维持和保护来说，天然的总降水量才是所有水资源的来源，无论是进入河道、湖泊和内陆天然水体的地表水，通过土壤深层渗漏形成的地下水等可以被人类直接"抽取"利用的"蓝水"资源，还是降落到森林、草地、农田、牧场上直接被天然和人工生态系统利用的"绿水"资源。

"蓝水"和"绿水"的核心理念是：降落在天然水体和河流，通过土壤深层渗漏形成的地下水等可以被人类直接"抽取"加以利用的水量就是"蓝水"，即传统意义上的"水资源"的概念，这部分的水量由于是人类肉眼可见的水，所以被称之为"蓝水"；而天然降水中直接降落在森林、草地、农田、牧场和其他天然土地覆被上的可以被这些天然和人工生态系统直接利用消耗形成生物量，为人类提供食物和维持生态系统正常功能的水量就是"绿水"资源，由于这部分的水量直接被天然和人工绿色植被以人类肉眼不可见的蒸散形式所消耗，所以被称之为"绿水"。在"绿水"资源的概念里，包括"绿水流"和"绿水库"。天然降水通过降落到天然和人工生态系统表面，被土壤吸收而直接用于天然和人工生态系统实际蒸散的水量被称为"绿水流"；而天然降水进入土壤，除了一部分通过深层渗漏补给地下水外，储存在土壤里可以为天然和人工生态系统继续利用的土壤有效水量被称为"绿水库"。从"蓝水"和"绿水"资源的界定可以看出，后者的范围要远远大于前者。

广义农业可用水资源是指农作物生长发育可以潜在利用的耕地有效降水"绿水"资源和耕地灌溉"蓝水"资源的总和。

根据定义，广义农业可用水资源（Broadly-defined Available Water for Agriculture，BAWA）包括两个分量：耕地灌溉"蓝水"和耕地有效降水"绿水"。计算公式如下：

$$Q_{gbw} = Q_{bw} + Q_{gw} \qquad (1)$$

其中，Q_{gbw} 是广义农业可用水资源总量（亿米^3）；Q_{bw} 是耕地灌溉"蓝水"资源量（亿米^3）；Q_{gw} 是耕地有效降水"绿水"资源量（亿米^3）。

其中耕地灌溉"蓝水"资源量的估算方法是：

$$Q_{brw} = Q_{ag} \times p_{ir} \qquad (2)$$

其中，Q_{brw} 是耕地灌溉"蓝水"资源量（亿米^3）；Q_{ag} 是农业总用水量；p_{ir} 是耕地灌溉用水占农业总用水量的百分比（％）。

灌溉"蓝水"数据来源于《中国水资源公报》中报告的农业用水量和农田灌溉量。农业用水量中不仅包括耕地灌溉量，还包括畜牧业用水量和农村生活用水量等农业其他部门的用水量。根据全国分省多年平均数据计算，耕地灌溉量一般占农业用水量的 90％～95％。

相比较耕地灌溉"蓝水"资源，耕地有效降水"绿水"资源的估算较为复杂。这主要是因为很难测量和计算降落在耕地上的天然降水。本报告提出了一个简易方法匡算全国耕地的有效降水"绿水"资源量，主要原理如下：天然降水中降落到耕地的部分，除了有一部分形成地表径流补给河道、湖泊等水体外，其余部分则入渗到土壤中。入渗到土壤中的水量，其中一部分渗漏到深层补给地下水体或者侧渗补给地表水体。因此，耕地有效降水"绿水"估算的水平衡方程如下：

$$Q_{gw} = P_{cr} - R_{cr} - D_{cr} \qquad (3)$$

其中，Q_{gw} 是耕地有效降水"绿水"量（亿米^3）；P_{cr} 是耕地降水量（亿米^3）；R_{cr} 是耕地径流量（亿米^3）；D_{cr} 是耕地深层渗漏量（亿米^3）。

该方程又可以称之为耕地有效降水量的估算方程。其中耕地降水的估算方程如下：

$$P_{cr} = P_t \times \frac{A_{cr}}{A_{ld}} \qquad (4)$$

其中，P_t 是降水总量（亿米^3）；A_{cr} 是耕地面积（千公顷）；A_{ld} 是国土面积（千公顷）；A_{cr}/A_{ld} 是耕地面积占国土面积的百分比（％）。

该计算公式蕴含的假设是：假定天然降水均匀地降落在地

表各种类型的土地利用和覆被方式上，包括耕地、林地、草地、荒地等。各种土地利用方式所接受的降水和它们各自占国土面积的百分比相当，耕地接受的降水量应该和耕地占国土面积的百分比相当。

在估算耕地径流量 R_{cr} 时，需要做如下假定。首先，假定耕地径流量和降水量的比例，即耕地径流系数，和水资源公报中报告的地表水资源量和降水量的比例相同。其次，在我国主要粮食主产区东北、华北和长江中下游平原，耕地相对平整，耕地径流基本上可以忽略不计。而在我国的丘陵地区，径流系数较大，需要计算耕地径流。

$$R_{cr} = P_{cr} \times \frac{IRWR_{surf}}{P_t} \qquad (5)$$

其中，P_{cr} 是耕地降水量（亿米^3）；$IRWR_{surf}$ 是水资源公报报告的地表水资源量（亿米^3）；P_t 是水资源公报报告的总降水量（亿米^3）。

耕地深层渗漏量 D_{cr} 的估算是采用分布式水文模型进行计算。

$$D_{cr} = P_t \times \frac{d_{cr}}{p_{cr}} \qquad (6)$$

其中，d_{cr} 是水文模型计算的区域耕地深层渗漏量（亿米^3）；p_{cr} 是水文模型计算的区域降水量（亿米^3）。

具体的计算原理和过程，以及结果的验证见相关文献。

水土资源匹配是指单位耕地面积所享有的水资源量。但是，传统的水土资源匹配计算时的水资源量是指"蓝水"资源。这个指标的缺点是：用总的"蓝水"资源，即水资源公报中所报告的水资源总量和耕地面积匹配，而这部分水资源中只有其中一部分可以被农业利用。为了更确切地定量分析农业可以潜在利用的水量和耕地数量的匹配，本报告从广义农业可用水资源出发计算了广义农业水土资源匹配，计算公式如下：

$$D_{match} = \frac{Q_{gbw}}{A_{cr}} \qquad (7)$$

其中，D_{match} 是广义农业水土资源匹配（米^3/公顷），Q_{gbw} 是广义农业可用水资源量（亿米^3）；A_{cr} 是耕地面积（千公顷）。

粮食生产耗水量是指粮食作物经济产量形成过程中消耗的实际蒸散量。水分生产力是指粮食作物单位耗水量（实际蒸散量）所形成的经济产量。

$$CWP_{bs} = \frac{Y_c}{ET_a} \qquad (8)$$

其中，CWP_{bs} 是省域作物水分生产力（千克/米^3）；Y_c 是省域粮食作物产量（千克）；ET_a 是省域粮食作物产量形成过程中的耗水量，即实际蒸散量（米^3）。

与"广义农业可用水资源"概念相对应的还有下述主要概念：

"蓝水"贡献率，是指在流域或区域范围内，农业生产（种植、畜牧、水产）中消耗的总蒸散量中来源于"蓝水"的部分与总蒸散量之比。

"绿水"贡献率，是指在流域或区域范围内，农业生产（种植、畜牧、水产）中消耗的总蒸散量中来源于"绿水"的部分与总蒸散量之比。

作物水分生产力：是指在流域或区域范围内，农业生产总量或总（净）产值与生产过程中消耗的总蒸散量之比。

农业用水公报相关计算流程

本报告计算流程主要分为 3 个阶段（图 4-1）。

首先，是数据收集和整理以及研究方案确定。第二阶段是进行国家和区域尺度农田"蓝水"和"绿水"特征及作物水分生产力评价方法的完善，具体包括：基于流域的水文—作物建模计算（SWAT）和结果验证。第三阶段是总结集成分析研究结果，考虑气候变化和社会经济的影响，确定"农业用水红线"，并提出国家和区域尺度农业用水红线及相应的政策建议。

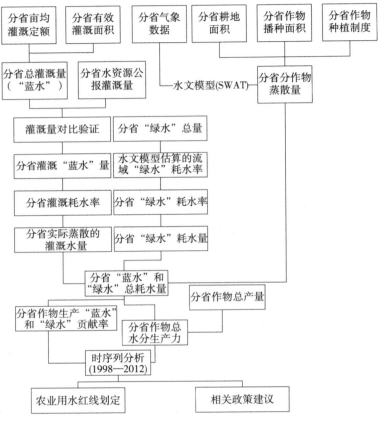

图 4-1　中国农业用水公报相关指标计算流程

首先，利用全国数字高程模型（DEM）、全国土地利用和覆被空间数据、全国土壤空间和属性数据、全国气象数据，在水文和作物模型 SWAT 中进行水文基本模拟、校验和验证，然后结合全国农作区划数据、全国农作物监测站点数据、全国灌溉站点监测数据，分流域、分省域对全国农作物生长和耗水进行计算，在模型率定和结果校验后得到分省分作物生长季的实际蒸散耗水量和产量，同时得到农作物生长季的水平衡各项。其次，利用《中国水资源公报》中各省亩均灌溉定额以及分省有效灌溉面积，计算分省灌溉量，然后与分省水资源公报中的灌溉量进行比对验证。之后得到分省灌溉"蓝水"量，再根据水资源公报中报告的灌溉耗水率得到实际消耗的灌溉"蓝水"量。第三，结合水文模型计算流域和省域"绿水"耗水量，得到各省和全国的"蓝水"和"绿水"消耗总量，并结合作物产量，得到分省作物生产中"蓝水"和"绿水"的贡献率、消耗率、作物水分生产力。

图书在版编目（CIP）数据

2017—2019年中国农业用水报告 / 全国农业技术推广服务中心中国农业大学土地科学与技术学院农业农村部耕地保育（华北）重点实验室编著 . —北京：中国农业出版社，2022.10

ISBN 978-7-109-30153-5

Ⅰ.①2… Ⅱ.①全… Ⅲ.①农田水利－研究报告－中国－2017—2019 Ⅳ.①S279.2

中国版本图书馆 CIP 数据核字（2022）第 185327 号

中国农业出版社出版

地址：北京市朝阳区麦子店街 18 号楼

邮编：100125

策划：贺志清

责任编辑：王琦瑢　贺志清

版式设计：杜　然　责任校对：吴丽婷

印刷：北京通州皇家印刷厂

版次：2022 年 10 月第 1 版

印次：2022 年 10 月北京第 1 次印刷

发行：新华书店北京发行所

开本：850mm×960mm　1/32

印张：4.5

字数：105 千字

定价：80.00 元